服装设计基础

郎家丽 孙闻莺 ————— 编著

南京师范大学出版社
NANJING NORMAL UNIVERSITY PRESS

前 言
Preface

服装与服饰设计是一门集科学技术与造型艺术于一体的多学科交融的综合性学科，既涉及自然科学，又牵扯人文社会学，还与民俗学有千丝万缕的联系。服装设计基础作为服装与服饰设计专业的主干课程，在整个专业中起到了举足轻重的作用，因此，在编写时既要注重将服装设计学作为一门独立的学科，保证其理论的系统性、完整性，又要侧重于实践的合理性、科学性，使理论与实践有机结合。

本书由七个部分组成，包括服装设计基础知识、服装造型设计的形式美原理、服装造型设计、服装色彩设计、服装材料设计、服装创意设计、服装分类设计。主要包含各部分的理论知识和相关的应用实践内容，目的在于培养学生理论知识的基础上注重实践应用能力的提升。

本书内容充实、图文并茂，是编者多年教学与实践经验的总结，也是对专业主干课程的一次创新改革和探索，既可作为服装与服饰设计

专业高等教育的教材，也可作为从事服装设计的专业人员及广大服装设计爱好者的参考用书。

本书由郎家丽、孙闻莺编著，其中第一章至第三章、第七章由孙闻莺编写，第四章至第六章由郎家丽编写，全书由郎家丽统稿。本书在编写过程中参考借鉴了业内同行的部分文献资料，并得到帅敏、黄珏等老师的大力支持与帮助，同时为了突出实践教学特色收录了很多学生作品，在此向他们表示衷心的感谢！

由于编者水平有限，书中难免有疏漏和不足之处，恳请同行专家及广大读者批评指正。

编者

2017年4月

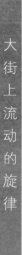

大街上流动的旋律

目 录
CONTENTS

服装设计基础

第一章

服装设计基础知识

在人类的发展历程中，为了更好地适应自然环境和社会环境，人们对周围客观世界的认知能力和改造能力不断提高，服装和服饰文化随之产生，并逐渐成为民族文化的重要组成部分。

服装是人类为了生产和生存而创造出来的产物。在人类社会发展的早期，人们为了适应自然环境，把身边能找到的各种材料做成简陋的衣服，用以护身。大约在旧石器时代，人们开始用兽皮裹身，但那时的兽皮是原始的未加工的兽皮，没有进行人工的剪裁和缝制。直到旧石器时代晚期，随着生产力的发展，打磨工具技术也随之提高，骨针被发明，才出现了经过裁剪和缝制的兽皮衣。《后汉书·舆服志》中记载，"上古……衣毛而冒皮"，说明人类很早就学会穿戴毛皮，用动物的毛皮庇护身体，防寒保暖。随着人类改造自然能力的进一步提升，生产力技术的不断发展，促进了人类纺织技术的产生。人类生产出的最早的织物是用麻类纤维和草纤维编制而成的。在原始社会，人类开始有简单的纺织活动，人们将采集的野生草纤维和麻纤维，用搓、编、织、打结等简单方法做成衣服，初现了衣服的雏形。

随着人类生产技术的不断进步和农业、牧业的发展，人工培育的纺织原料渐渐增多，制作服装的工具也由简单到复杂不断进步，服装材料品种也随之日益增加，这些都直接促进了服装生产技术的快速发展。服装的款式造型设计，与制作服装的材料有直接关系，织物的性能、组织结构、生产方法等决定了服装最终的形式。如用粗糙、坚硬的织物只能制作结构简单的服装，柔软的细薄织物才有可能制作复杂而有造型的服装。

广义的服装包括衣服、妆容、首饰以及佩饰。据史料记载，在最古老的服装中就有"腰带"的雏形，这种在现在作为服装配饰的物件，当时却是生产、生活时不可缺少的。将"腰带"系在腰间，以便人类在外出劳作或狩猎时用来悬挂工具、武器等必需物件，而在"腰带"上装饰兽皮、树叶以及编织物，就形成了早期裙子的雏形。可见，自古以来，服装就是人类生产、生活的重要物质条件，进而形成的服饰文化也是人类文明的重要组成部分。

第一节　服装的基本概念

服装是一个广义的概念，在人们生活中出现的频率很高。生活中，人们经常用"服装"一词统称所有衣服鞋帽等。但实际上，在服装品类中，每个词都有其特定的意义，不同的名称代表了不同的物品。

一、衣服

衣服又叫衣裳，包括上衣和下衣。《说文解字》中说："衣，所以蔽体者也。上曰衣，下曰裳。"意思是上身穿的衣服叫衣，下身穿的衣服叫裳，现在泛指身上穿的各种衣服。（如图1-1、图1-2）

图1-1　　　　　　　　　　　　图1-2

二、服饰

服饰，即衣着和装饰，包括：衣服、鞋、帽、袜子、手套、围巾、领带、提包、太阳伞、发饰等，还包括衣服中的装饰图案、首饰等。服饰也可理解为人类穿衣、打扮自己的活动。（如图1-3、图1-4）

三、服装

服装一词使用较为广泛，其中的"服"指衣服，"装"指装扮，人们常简单理解为穿衣打扮的一种行为。服装是人的精神状态和整体造型的统一，体现人穿衣打扮后的精神面貌。（如图1-5、图1-6）

四、时装

时装重点在"时"，指时髦的、流行的、时尚的服装，侧重于指款式新颖而富有时代感的服装。时装的时间性较强，在特定的时期流行某种款式，且款式随流行趋势的变化而变化。时装讲究时兴的面料、辅料和

图1-3

图1-4

图1-5

图1-6

工艺，对织物的结构、质地、色彩、花型等要求也较高，与时尚紧密结合，讲究装饰、配饰，在服装款式、造型、色彩、纹样、装饰等方面力求不断变化、标新立异。（如图1-7、图1-8）

图1-7   图1-8

五、高级时装

高级时装（HAUTE COUTURE）是法国优秀的传统服饰文化，诞生于19世纪中叶。高级时装也叫高级订制装，源于欧洲古代及近代宫廷贵妇的礼服。在法国时装界，高级时装是一个独立的行业，它有自己的组织机构——高级时装店协会。该协会创立于1868年，1911年经过改组，形成了"法国时装设计师集团"。高级时装、高级时装店、高级时装设计师的称号不是自封的，而是由该行业认定并且受法律保护的。法律规定，只有经过法国工业协调部根据立法机关所制定的标准正式批准的时装店或公司，才有权利使用"高级时装"这一称号。高级时装作品发布会于每年1月和7月各举办一次，发布当年秋冬和春夏的最新服装信息。（如图1-9至图1-11）

图1-9

图1-10
图1-11

六、成衣

成衣（Garments）主要指服装工厂按照标准号型批量生产的成品衣服，区别于针对个人的量体裁衣，现代百货商场出售的服装基本都是成衣，每种款式按照身高和体围有大小号之分，不同的号型适合不同身高和体型的人群。（如图1-12、图1-13）

图1-12

图1-13

七、高级成衣

高级成衣（Ready-to-wear），译自法语 Pret-a-porter，它一定程度上保留或继承了高级时装的某些技术。以中产阶级为消费对象的小批量多品种的高级成衣，是介于高级时装和以一般大众为对象的大批量生产的普通成衣之间的一种服装产业。高级成衣与普通成衣的区别，不仅在于其生产批量大小，质量高低，关键还在于其设计的个性和品位。因此，国际上的高级成衣大都是一些设计师品牌。（如图1-14至图1-17）高级成衣的名称最初用于二战后，本来是高级时装的副业，到20世纪60年代，由于人们生活方式的转变，高级成衣业蓬勃发展起来，大有取代高级时装之势。巴黎、纽约、米兰、伦敦四大时装周，就是高级成衣的发布会以及进行交易的活动场合。

图1-14

图1-15

图1-16

图1-17

第二节 服装的分类

服装的种类很多，由于服装的基本形态、品种、用途、制作方法、原材料的不同，各类服装亦表现出不同的风格与特色，变化万千，十分丰富，且分类方法不同，对服装的称谓也不同。目前，大致有以下几种分类方法。

一、根据服装本身分类

(一) 根据穿着组合分类

1. 一件装

上下两部分相连的服装，如连衣裙、连体长裤、连体短裤等上装与下装相连的服装。这类服装整体形态感强。

2. 套装

上衣与下装分开，且服装之间互有关联，呈现为系列的衣着形式，如男士西装多为成套服装，有两件套（上衣、裤子）、三件套（上衣、衬衣、裤子）、四件套（上衣、衬衣、马甲、裤子）；女装套装主要有套裙（上衣、裙子）、套装（上衣、裤子）。

3. 外套

穿在最外层的衣服，一般秋冬装居多，有大衣、风衣、毛衣、雨衣、披风等。（如图1-18）

图1-18

4. 背心

穿在上半身的无袖服装，又叫马甲，长度通常至腰、臀之间，为略贴身的造型，男装中应用较多。

5. 裙子

穿在下半身的服装，有连衣裙、半身裙、一步裙、A字裙、百褶裙、裙裤等，变化较多，款式丰富。（如图1-19、图1-20）

6. 裤子

从腰部向下至臀部后分为裤腿的衣着形式，穿着行动方便。有长裤、短裤、中裤、七分裤、九分裤、裙裤等。

图1-19

图1-20

图1-21

（二）根据用途分类

可以分为内衣和外衣两大类。内衣紧贴人身体，起护体、保暖、塑形的作用。外衣则根据穿着场所不同，用途各异，品种类别很多，比如：礼服、休闲服、职业服、运动服、家居服、舞台服等。

（三）根据服装面料与制作工艺分类

根据面料分，有呢绒服装、丝绸服装、棉布服装、毛皮服装、针织服装、梭织服装、羽绒服装等。

根据工艺制作分，有平裁服装、立裁服装、斜裁服装、刺绣服装、编织服装、水洗服装等。（如图1-21至图1-24）

根据面料的处理方法和最终效果，分为石

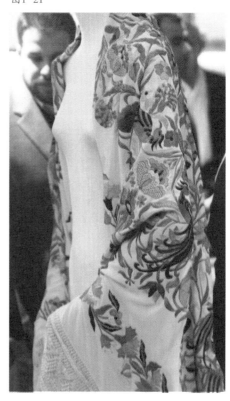

图1-22
图1-23
图1-24

磨洗服装、漂洗服装、普洗服装、砂洗服装、酵素洗服装、雪花洗服装等。

二、根据穿着对象和场合分类

（一）根据性别分类

根据性别可分为男装、女装。

（二）根据年龄分类

成人服：有男服、女服、中老年服装。

儿童服：分婴儿服、幼童服、中童服、大童服、青少年服等。

（三）根据民族分类

可分为中国民族服装和外国民族服装。中国有五十六个民族，每个民族都有具有自己民族特色的民族服装，如白族服装、藏族服装等。外国的民族服装中不同的民族也有代表各自民族特色的服装。

（四）根据特殊功用分类

此类服装主要体现服装的功能性和实用性，如耐热的消防服、高温作业服、不透水的潜水服、高空穿着的飞行服、宇航服、高山穿着的登山服等。（如图1-25、图1-26）

图1-25
图1-26

（五）根据服装的厚薄和衬垫材料不同分类

此类服装主要强调服装的面料、填充辅料和制作工艺，有单衣、夹衣、棉衣、羽绒服、丝棉服等类别。

（六）根据穿着季节分类

根据穿着季节不同，我们可以将人们日常生活中常穿的各种服装按季节分为春装、夏装、秋装和冬装。

三、根据HS编码分类

商品名称及编码协调制度，简称协调制度（HS），它是在"海关合作理事会分类目录"（CCCN）和联合国"国际贸易标准分类目录"（SITC）的基础上，参照国际其他主要的税则、统计、运输等分类协调制度制定的一个多用途的国际商品分类目录。

HS编码，以六位码表示其分类代号，前两位码代表章次，第三、第四位码为该产品位于该章的位置（按加工层次顺序排列），第一至第四位码为节（Heading），其后续的第五、第六位码称为目（Sub-heading），前面六位码各国均一致。第七位码以后是各国根据自身需要制定的码数。

服装属HS分类制的第十一类及第61、第62章。第61章为针织或钩编制品，编号从6101.1000—6101.9000共120个，第62章为非针织或非钩编织服装及衣着附件，适用于除絮胎以外的任何纺织物的制成品，编号从6201.1100—6217.9000，共155个编码，分别是按款式、性别、年龄、原材料的不同来进行分类的，如棉制男式羽绒大衣的HS编号为6201.1210，棉制女式羽绒大衣的HS编码为6202.1210。服装HS编码分类中对成衣性别的规定有具体要求，性别分男式、男童、女式、女童、婴儿；左门襟在右门襟之上归为男性，反之归为女性，中性成衣归为女性类别。针、梭织成衣及衣着附件其编序依照产品特性由外套类至内衣类依次编码，针、梭织相互对应。如6203.1100为羊毛或动物细毛制男式西服套装（为外衣），6207.1100为棉制男内裤（为内衣、编码在后）；又如6104.3100为羊毛或动物细毛制针织或钩编的女式上衣，与此相对应的6204.3100为羊毛或动物细毛制女式上衣。

第三节　服装的功能

人们对于服装的需求体现在物质性和精神性两个方面。服装的物质性主要表现为服装满足人们的生理需求，如服装的防寒、保暖、散热、透气、护体等实用性以及适应不同活动和人体结构的科学性。服装的精神性主要表现为服装可以满足人们的审美需求和社会象征。服装的物质性和精神性会随着环境、社会等的变化而变化。比如纺织科技的发展、新型面料的产生会使服装科学性提高，更加符合人体工学，更加舒适；而人们的审美追求也会随时代的变化发生微妙的改变，也会对服装的审美价值提出更高的要求。总而言之，人们的着装行为受多重因素制约和影响，人们为了满足生活中各种目的和需求而产生和形成了服装的功能和作用——服装的物质功能、精神功能和社会功能。

一、物质功能

服装的物质功能可以理解为服装的实用功能，是指服装在实际生活使用中所表现出的功能。在古代人们就将兽皮制作成衣物，用来抵御寒冷的天气，给人们带来温暖，也可以在活动中遮盖身体，保护自身不受伤害，还可以避免被雨水淋湿等……由此可见，服装的实用功能在生活的很多方面都有所体现。

物质功能是服装最基本的功能，可以满足人们日常的生理和心理需求，具体表现为以下几个方面。

（一）防护性

服装能为穿着者提供各种身体保护、心理保护、安全保护，保护人体不受外界的伤害。在远古时代，掌握了一定生产生活技能的人类，不再赤身裸体，将各种可以利用的兽皮、树皮、鱼皮、植物纤维等材料制成衣服穿在身上，目的就是保护身体不受外界环境的侵害。随着文明的进步，人们的社会交往越来越密切，服装在对人们身体提供防护的同时也对人们的心理有一定的防护作用。（如图1-27、图1-28）

图1-27　户外防护性服装
图1-28　户外服装的防风保暖面料

（二）科学性

服装在满足人们日常生产生活的同时，结合人体的形态特征，利用外部造型和内部造型的合理设计，突出人体美的特征，扬长避短，展示人们着装后服装与人体完美统一的状态。人们在设计服装时充分考虑服装与人体的关系，根据人体的特征量体裁衣，制作适应人体机能、符合人体结构特征、方便、舒适、美观的服装，以满足人们的需求。（如图1-29至图1-31）

图1-29　泳装特有的高科技面料可以减少水中阻力

图1-30　骑行服为骑行者提供最舒适安全的感受

图1-31　网球服特有的面料帮助穿着者在运动过程中迅速排汗，保持身体舒适

（三）卫生性

服装的卫生性主要体现在服装的抗菌、抗敏、抗污、抗刺激和保护人们身体健康等方面。如内衣的面料多采用抗菌、抗敏、抗静电类的面料；婴幼儿服装在注重抗敏、抗菌、抗静电的同时更注意添加抗刺激、吸湿排汗的材料成分；孕妇服装也有意添加抗辐射的纤维等。服装的卫生性与气候、温度、湿度以及材料息息相关，设计时应多结合这几方面综合考虑以满足人体需求。（如图1-32、图1-33）

图1-32　护士服装为护士和病人提供卫生防护

图1-33　内衣面料的抗菌性能满足人们的卫生需求

二、精神功能

在古代，人们穿衣服是为了遮身蔽体、防寒保暖，随着时代的进步和人类文化的发展，人们对于服装的要求不只是停留在实用的物质层面，而是有了更高层次的要求——精神价值需求。一件时尚、新颖、得体的服装可以弥补人形体上的缺陷，展露自身的气质、修养以及较好的精神面貌，除了给他人留下美好的印象，也能使穿衣者自身在社会交往活动中树立起更强的自信心。人们在选购服装时，通常会受服装的色彩、款式和面料等因素左右，这时服装作为审美对象也显现出它的精神功能。服装给人带来美的感受和愉悦感，人们可以通过服装所展现出来的整体视觉感受来评价服装的审美价值。（如图1-34至图1-36）

服装的精神功能可以分为象征性和审美性两个方面。

图1-34　羽绒服不仅可以满足人们对保暖的需求也能满足人们的审美需求

图1-35　优雅的礼服让人们在社会活动中更加自信

图1-36　层叠混搭风格带给人们另类的视觉感受

（一）象征性

自古至今，服装、服饰以及服饰配件在人们的生活中都具有重要的象征意义。古代服装的颜色，有严格的等级制度。《资治通鉴》齐武帝永明四年载："夏，四月，辛酉朔，魏始制五等公服。" "公服"，即朝廷之服；"五等"即朱、紫、绯、绿、青五种颜色，象征不同的职位，官位从高到低根据颜色依次排列，不可僭越。但服装的颜色在不同的朝代象征的职位和社会地位也会随之变化。

中国古代玉饰的佩戴也有特殊的象征意义，往往和伦理道德、宗法联系在一起，为统治阶级服务。《礼记·玉藻》有记："君子比德丁玉。"玉饰的佩戴也有严格的阶级意义和等级规章，不同的玉饰的图案、纹样、形制象征不同的身份地位。

服装服饰中的装饰纹样凝聚了劳动人民的智慧和勤劳，暗含重要的象征意义。如牡丹纹样象征花开富贵，石榴纹样象征多子多孙，蝙蝠、桃子纹样象征福寿延年，金鱼、莲藕象征连年有余，鸳鸯戏水象征着夫妻和睦，龙飞凤舞象征吉祥美满，喜鹊登梅象征喜事多多，等等。人们在服装中设计制作的众多图案纹样都有其深刻的寓意，表达了人们祈福避祸，希望家人福寿安康以及对美好生活的向往和寄托。（如图1-37至图1-39）

图1-37　戴通天冠、穿绛纱袍、佩方心曲领的皇帝（南薰殿旧藏《历代帝王像》）
图1-38　"冠梳"妇女（宋人《娘子张氏图》）
图1-39　皇帝冕服图皇后祎衣图（选自聂崇义《三礼图》）

（二）审美性

服装既能满足人们防寒保暖、遮体护体等实用性的需求，也能满足人们的审美需求。男子着装后体现男性刚毅、威武的阳刚之气，女子着装后展现女性温婉、柔美的曼妙身姿，即使最普通的衣服也会尽可能展现人与服装相辅相成、人装合一的审美体验。

服装的审美性包括两方面：一方面，是指服装自身的物态美，包括服装的造型美、色彩美、面料美、工艺美、装饰美等服装组成的各个部分所呈现的一种美；另一方面，是指人体着装后的整体美，是人和服装的相辅相成、完美统一，是人穿衣打扮后的一种美的精神状态。人们穿着服装以后，不但将服装的物态美完美呈现，自身还因为穿着美

的服装而呈现出更好的精神面貌。（如图1-40至图1-43）

图1-40　注重线条造型材质与肌理（Alexander McQueen）

图1-41　复杂工艺的面料呈现美轮美奂的效果（Dries Van Noten）

图1-42　精湛的做工、复杂的结构版型体现严谨的美（Alexander McQueen）

图1-43　大气磅礴的日本风格图案让服装与配饰有浑然一体的美（Kenzo）

三、社会功能

服饰文化是精神文明的一部分，也是社会文化的一部分，并与其他文化相互影响，共同组成社会精神文化生产力，具有社会功能。

（一）阶级性

在我国，几千年的封建社会造就了严格的服饰等级制度，从服装的制式、颜色、配饰中体现人们的社会地位。什么官职什么品衔穿戴相应颜色、相应制式的服装，佩戴相应制式的佩饰，决不允许出现越级穿戴和乱穿乱戴的情况。《后汉书·舆服志》有记载："以五采章施于五色作服。"严格的服制等级制度，制约了人们穿衣戴帽的随意性，而通过色彩将人区分成三六九等。"佩紫怀黄"是无数仕途之人的人生理想，"绫罗绸缎"也是达官显贵的专属，而"素衣"和"布衣"则是平民百姓的穿戴。（如图1-44、图1-45）

图1-44　清道光文官一品鹤纹打籽绣补子（伦敦佳士得2012年秋拍会，成交价1875英磅），此补采用全打籽绣法，工艺精湛

图1-45　清雍正中期文官二品锦鸡纹刺绣补子（美国纽约大都会艺术博物馆藏），此补子样式为雍正时期的典型

（二）地域性

服装自古就具有强烈的地域属性，各地的服装特点，跟当地居住环境、气候特点、自然风貌、宗教信仰、生产生活方式等有着密切的关系，各地也结合当地的地域、气候、文化、宗教、历史等因素，创造形成了符合自身地域特征的服饰文化。体现在服装的款式中，如北方的偏襟大袄，适合在寒冷的北方抵御严寒；近代江南水乡的小褂大裆

图1-46　蒙古族服饰

图1-47　贵州少数民族服饰

裤，适合在水乡生产劳作。体现在服装的工艺配饰中，北方的工艺装饰风格就像北方的自然风光，大气磅礴、简洁直接、大刀阔斧地表现其广袤的地域特色；而南方的工艺装饰风格凸显了南方的灵秀精巧、婉约细致，工艺精湛，让人回味无穷。（如图1-46、图1-47）

（三）伦理性

从古至今，服装一直受到伦理道德、礼仪规范的影响和制约，什么年龄、什么身份的人，在什么场合、什么时间，穿怎样的服装、戴怎样的配饰、用怎样的佩饰等，都受到伦理道德的制约和规范。冠指帽子，在我国古代，成年男子要行"冠礼"，并"加冠取字"。加冠取字以后就说明已成年了，会得到社会各界的认可，要有成年人的责任和担当。我国古代有"深衣制"，《礼记·深衣》记载："古者深衣，盖有制度，以应规、矩、绳、权、衡。短勿见肤，长勿被土。续任，钩边。要缝半下……"详细记载了古代深衣的制式、颜色、穿戴等规范。在当今社会，服装同样作为一种文化语言，体现着装者的社会背景、身份地位、

图1-48 戴束发冠、穿对襟衫的皇帝与戴幞头的官吏（赵佶《听琴图》局部）

图1-49 插簪钗、穿襦裙、披帛的妇女（宋人《妃子浴儿图》）

兴趣修养等。穿衣打扮越来越受到人们的重视，出席不同的场合穿着不同的服装，传递不同的个人信息，彰显自己的风格特色。（如图1-48、图1-49）

第四节 服装设计的要素和条件

一、服装设计要素

造型、色彩、面料是服装设计的三大要素。这三个方面是进行服装设计时首先要考虑的设计因素，缺一不可，互相影响，共同构成服装整体效果。（如图1-50至图1-52）

（一）造型

服装的造型可分为外造型和内造型。外造型主要是指服装的轮廓、廓形，包括服装的外部轮廓和外部造型；内造型指服装内部的结构，包括结构线、省道线、袖型、领型、袋

图1-50 选用红色和白色这类对比强烈的色彩（Alexander McQueen）

图1-51 由花朵制成的特殊面料（Alexander McQueen）

图1-52 鱼尾造型的款式（Alexander McQueen）

型、装饰线、内部分割线等内部的所有结构。服装的外造型和内造型是一个有机整体，外造型的特征要根据主题进行设计，内造型设计要符合外造型的风格特征，内外造型应相辅相成、协调一致。在设计时要避免抛开外造型风格而一味追求内造型的精雕细刻，因为这将会产生喧宾夺主、支离破碎的反面效果；也不能一味追求廓形的奇特而忽略内部细节的设计，否则容易造成设计的空洞、没内涵。（如图1-53至图1-55）

（二）色彩

在服装设计中，色彩主要指服装面料的颜色搭配。研究表明，人们对色彩的敏感度远远超过对形状的敏感度，因此，色彩在服装设计中的地位是至关重要的。一件服装，首先进入人们视线的，既不是服装的工艺，也不是服装的内部结构，更不是服装的装饰图案，而是服装的色彩。色彩在一件服装中，以其强大的视觉冲击力而首先映入人们的眼帘，吸引着人们的目光。

千变万化的色彩可分为有彩色系和无彩色系两大类。黑色、白

图1-53 　　　　　　　　　　　图1-54 　　　　　　　　　　　图1-55

色，以及由黑白色调和而成的各级灰色属于无彩色系。白色是亮度的最高级，黑色是亮度的最低级。无彩色系之外的所有颜色都属于彩色系。彩色系的色彩由色相、明度、纯度三大属性构成。（如图1-56、图1-57）

图1-56　无彩色系-灰白搭配
图1-57　无彩色系-灰色搭配

1. 色相

色相指色彩的相貌。不同的颜色有不同的相貌，如大红、湖蓝、中黄等，色相是颜色的基本特征，也是不同颜色分门别类的依据。按色相的顺序，可以循环排列成色相环。色相的千差万别形成了变幻无穷、多姿多彩的色彩世界。

2. 明度

明度指色彩的明暗度，是色彩明暗变化的属性，由各种有色物体反射光量的程度区别所造成。不同的颜色，明度有所不同。比如，色环中明度最高的是黄色，明度最低的是紫色。相同的颜色，明度也有差异，以红色为例，大红的明度明显比深红高出很多。（如图1-58至图1-60）

图1-58　明度渐变的紫色
图1-59　明度较高的浅蓝色
图1-60　明度较低的藏青色

3. 纯度

纯度指色彩的饱和度，又称彩度、鲜艳度，是一种颜色包含色彩的纯净程度。从光谱上分析得出的红、橙、黄、绿、蓝、紫是标准的纯色。纯度越高的颜色越艳丽明媚，纯度越低的则越灰暗。单种颜色的纯度会高于混合色；两种及以上颜色混合调制出来的颜色，其纯度会随之降低；颜色种类混合越多，纯度越低。（如图1-61至图1-63）

色彩具有鲜明的时代感和时尚性。服装设计领域一向是崇尚流行意识的，流行色在

图1-61　纯度较高的蓝色
图1-62　纯度适中的蓝绿色
图1-63　纯度较低的蓝色

服装中的应用，是人们对时髦色彩的追求，突出反映着现代生活的审美特征。色彩专家以其敏锐的洞察力，把来自消费市场的流行色彩加以归纳、提炼，并通过预告推而广之，形成流行色。国际流行色委员会每年召开两次例会，以预测来年春夏和秋冬的流行色趋势，并通过流行色卡、时尚杂志和纺织样品等媒介进行宣传。在现代服装设计中，流行色的应用更为广泛，新潮款式和流行色彩的结合日益密切。因此，设计师会仔细分析研究流行色的周期规律，掌握流行时机，及时推出符合人们审美要求的新潮服装，才能扩大市场销售。

（三）面料

面料是制作服装的材料，种类多样。常规的服装制作面料可分为纤维制品、皮革（裘皮）制品和其他制品三大类别。而随着现代科技的发展，各种新材料和多种设计的融会贯通，更多新材料、新工艺被应用到服装领域。尤其是现在，3D打印技术已日趋成熟，3D打印服装也逐渐被人们所了解，3D打印技术成就了人们在常规服装设计中所不能实现的服装造型和设计理念。

服装设计要取得良好的整体效果，必须充分发挥服装面料的性能和特色，使面料特点与服装的造型、风格完美结合，相得益彰。因此，了解不同面料的外观和性能的基本知识，是做好服装设计的基本前提。（如图1-64至图1-67）

图1-64　通过面料二次改造营造出重叠的肌理效果，凸显个性和特色

图1-65　仿真压膜成型的面料，给人以震撼的视觉效果（Alexander McQueen）

图1-66　特别的材质制作的服装，面料与款式、造型相得益彰（Alexander McQueen）

图1-67　充满未来感、具有金属光泽的面料

二、服装设计的因素

服装设计要考虑的因素很多，一套合适的服装在设计时首先要考虑以下五个因素。

（一）穿着对象

谁来穿？这是服装设计首先要考虑的问题。无论是量体裁衣的定制服装还是批量生产的成衣，都要考虑穿着对象问题，包括他们的体形特征、年龄阶段、文化修养、气质特点、社会地位、职业范围以及经济条件等多个要素，这样，才能有针对性地进行设计。

（二）穿着时间

一般分两种情况，一种通常指穿着的季节，即春、夏、秋、冬；此外，西方人还讲究在不同的时间段穿着不同的服装，即在一天中的早、中、晚不同的时间段，穿着打扮要求也不同。如女装分晨礼服、午后服、鸡尾酒会服、晚礼服等；男装也分日礼服和晚礼服等。了解穿着的时间也是设计服装时需要考虑的关键要素。

（三）穿着地点

可以指自然环境和地理环境。如在山区、高原还是海边穿着，或者在寒冷的北方还是温暖湿润的南方穿着等。因此，要根据穿着服装所在的地点不同进行合理的设计。

（四）穿着场合

指穿着服装出席活动的地点和环境。如办公室等工作场所，酒会、宴会等社交场所，酒吧、茶社等娱乐场所，旅游、度假等休闲场所。因此，穿着场合不同，对服装的要求也有所不同。

（五）穿着目的

指为了什么穿？穿了服装要去做什么？穿着的目的和用途不同，对服装的要求自然不一样。如为了保护身体不受伤害，为了在运动中更好地发挥，为了更好地完成工作，为了展示自己的美，等等。只有了解清楚穿着对象的穿着目的，才能有的放矢，更好地完成服装设计。

思考与练习

1. 了解服装的含义，查阅中外服装史资料，了解各个时代服装的特点。

2. 搜集当代优秀的服装设计作品，并分析其设计要素和特点。

3. 了解服装设计的三要素，并掌握三要素的内涵。

4. 了解并掌握服装设计时首先要考虑的五个要素。

第二章
服装造型设计的形式美原理

第一节　服装造型设计的基本元素

　　服装设计是一项创造美的设计活动，服装设计者进行服装设计创作时需要整合有效的设计元素，将其提炼、概括并应用到服装设计中。服装设计的过程，就是运用美的形式法则有机地组合点、线、面、体这些造型元素，形成完美造型的过程。点、线、面、体等造型元素既是单个独立的设计元素，又是相互关联的有机整体。一件优秀的服装，既是设计师在设计中对各个要素独具匠心地应用，同时又使服装整体关系符合美学基本规则。

一、造型元素——点

　　与数学概念中的点不同，在服装设计的概念中，点作为造型元素的一种，指的是面积或体积较小的设计元素。造型元素点在形状、颜色、材料上都有多种表现方式。

　　点的形状千变万化，可以是平面的图案，也可以是立体的装饰物；可以是几何形，也可以是自由形，还可以是不规则形。点的颜色也有多种，可以是单色的，也可以是多种颜色的组合。点的组成材料也有多种可能，根据服装整体的风格和面料特征，可以用任意符合服装整体风格特征的材料表现点的元素。

点的不同排列组合，可以在服装中产生不同的视觉效果。点在服装整体上有标明位置的作用，且具有醒目、突出诱导视线的特点。点在服装中的不同位置、不同的形态、不同的排列组合以及聚散变化等，都会引起人们不同的视觉感受。

（1）点位于服装的中心位置时，可产生集中感，形成视觉中心。（如图2-1、图2-2）

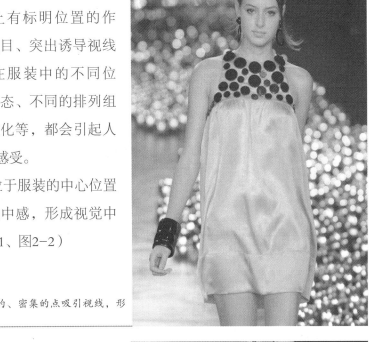

图2-1　集中的、密集的点吸引视线，形成视觉中心

图2-2　在服装的中心位置，形成集中感

图2-3 在服装一侧
的点形成不均衡的美感
（Sacai，2016）

图2-4 特殊材料形
成的光点让视线不自觉
地追随其游移（Yiqing
Spring，2016）

（2）点位于服装的一侧时，可产生不稳定的游移感和不均衡感。（如图2-3、图2-4）

（3）较多数目、大小不等的点排列在服装中，可产生规律的美感。（如图2-5、图2-6）

（4）大小相同的点在服装中有秩序地排列，可产生秩序感。（如图2-7、图2-8）

图2-5 学生设计的
"点"元素作品

图2-6 学生设计的
"点"元素作品

图2-7　大小相等的点在全身疏密有序地排列所形成的效果（Alexander Mcqueen）

图2-8　大小相同的点平均排列所形成的秩序感

在服装设计中，点有多种呈现方式，小至一粒纽扣、一个图案，大至一件装饰品，都可被视为一个可被感知的点。我们了解点的特性后，在服装设计中恰当地运用点，富有创意地改变点的位置、数量、排列方式、色彩、材质等任何一个特征，就会产生出其不意的艺术效果。

二、造型元素——线

通常意义上，点的运动轨迹称为线，线在空间中起着连贯整体的作用。在服装设计中，线作为造型元素的又一种，经常被应用在服装的各种造型中。

在服装设计中线主要体现为直线、曲线和不规则线三大类。根据在服装中的呈现方式的不同，线会有长短、粗细、材料、颜色、位置以及方向上的变化，不同特征的线给人们带来不同的视觉和心理感受。如水平线平静安定，曲线柔和圆润，斜向直线具有方向感。通过改变线的长短，可制造纵深变化的空间感，改变线的粗细可产生明暗变化的视错觉效果。（如图2-9至图2-11）

在服装设计中线的表现形式多种多样，如外轮廓造型线、内部

图2-9　曲线的秩序排列形成的柔美感
图2-10　粗细不同的线条形成的秩序美（Acne Studios）
图2-11　点状元素的排列形成的线条感

剪裁线、服装结构省道线、褶裥线、装饰线，以及面料上的线条图案等。多种多样的线可以有形状的变化、颜色的变化、材料的变化等，变化的线构成服装设计的整体形态美，体现线的无穷创造力和表现力。在服装设计过程中，巧妙改变线的长度、粗细、颜色、材质等组合关系，将产生丰富多彩的构成形态。（如图2-12至图2-14）

三、造型元素——面

在服装设计中，作为造型元素的面，其表现形式也会有别于传统意义的面。如点元素的密集组合可以形成面，线元素的排列也可以带来面的视觉效果，一个色块可以形成面，一种材料的造型也可以看成是一个面。面在服装中有形态的变化、颜色的变化、材料的变化。

图2-12　学生设计的"线"元素作品

图2-13 学生设计的"线"元素作品

图2-14 学生设计的"线"元素作品

图2-15 色彩的分割形成的三角形的面
图2-16 服装色彩的变化形成的长条形的面

在服装设计中，面具有二维空间的性质，有平面造型和曲面造型之分。面又有具体的构成形态，如方形、圆形、三角形、多边形，以及不规则偶然形等不同的表现形态。不同形态的面具有不同的特性，如三角形给人带来不稳定感，不规则偶然形具有生动活泼之感，等等。（如图2-15至图2-17）

在服装设计中面与面的分割或组合，以及面与面的重叠或旋转会形成新的面。面的分割有以下几种方式：直面分割、横面分割、斜面分割、角面分割。在服装中，轮廓及结构线、装饰线对服装的不同分割产生了不同形状的

图2-17 通过剪贴材料营造"面"的感觉（Viktor & Rolf）

面；同时面的分割组合、重叠、交叉所呈现的平面又会产生新的不同形状的面。面的形状千变万化，通过分割组合、重叠、交叉所呈现的面的布局丰富多彩，它们之间的比例大小、肌理变化和色彩配置，以及装饰手段的不同，会产生风格迥异的视觉艺术效果。（如图2-18、图2-19）

图2-18 色彩的分割产生的面（学生设计作品）
图2-19 服装面料镂空形成的面（学生设计作品）

四、造型元素——体

在服装设计中，造型元素体的表现形式也是多种多样的，可以由面与面组合而成，也可以由点、线、面几种造型元素组合而成，其组合形式、造型多样，具有三维立体的视觉效果。

不同形态的"体"具有不同的个性特征，同时从不同的角度观察，"体"也将表现出不同的视觉形态美。造型元素"体"是自始至终贯穿于服装设计中的基本要素，设计时要树立完整的立体形态概念，从服装整体出发：一方面，服装的设计要符合人体的形态以及运动时人体变化的需要；另一方面，通过对造型元素体的创意性设计，会使服装具有独特的风格特征。（如图2-20至图2-22）

以擅长在设计中创造出具有强烈雕塑感的服装造型而闻名于世界时装界的代表人物，日本著名时装设计师三宅一生（ISSEY MIYAKE）对造型元素在服装中的巧妙应用，形成了个人独特的设计风格。ISSEY MIYAKE 2011年12月秋冬女装展示了立体折纸概念与现场改装表演，解构主义及轮廓性都极强，无论是棱角坚硬的波浪纹装饰，还是由红、灰、黑三色组合而成的立体方块感服装，都彰显了三宅一生的独特设计手法。（如图2-23至图2-25）

图2-20

图2-21、图2-22

图2-23、图2-24 折纸元素
形成的造型塑造立体感（ISSEY
MIYAKE）

图2-25 折纸元素形成的造型塑造立体感（ISSEY MIYAKE）

将点、线、面、体等元素合理地应用到服装设计中，会使服装呈现丰富多彩的视觉效果，这也是广大的服装设计者热衷于使用的服装造型设计手法。在运用这些元素进行服装设计时，应注意其在色彩、大小、面料、材质、肌理、明暗等方面进行设计组合再应用，或单独使用，或组合使用，尝试多种组合搭配，从而让服装整体达到理想的视觉效果。（如图2-26至图2-29）

图2-26 学生设计作品

图2-27　学生设计作品
图2-28　学生设计作品
图2-29　学生设计作品

第二节　服装造型设计的构成法则

　　造型美的基本原理和法则是对自然美加以分析、提炼、组织、排列，并抽象概括形成的一定规律和法则，它是一切视觉艺术都应遵循的美学法则，贯穿于包括服装、产品、绘画、雕塑、建筑等在内的众多艺术形式之中，也是自始至终贯穿于服装设计中的美学法则。掌握这些基本法则，并合理应用于服装设计中，能让服装整体更有审美意蕴。

　　服装设计造型美的构成法则，主要体现在服装款式造型、色彩配置以及材料的组合搭配上。要处理好服装造型美的基本要素之间的相互关系，须依据服装造型美的基本规律和法则，其中包括对称、对比、比例、节奏和韵律、平衡、强调、夸张、变化与统一等几个方面的内容。

一、对称

　　一般指事物以某条中线为中轴，对称轴两边图形大小、形状都相同。如一个正方形，对折后折痕两边图形完全相同。服装造型中的对称，指以某条线为中线，左右两边或上下两部分的形状、颜色、图案、材质、纹样等相同或相似。如中山装，以人体中线为基准，服装左右两边款式相同、结构相同、装饰相同。根据不同的标准，对称有不同的分类，如左右对称、局部对称、回转对称等。

（一）左右对称

以人体中线为中轴线，上下左右都对称的形式，有绝对对称和相对对称两种类型。绝对对称讲究左右两边的物体或图案，无论形状、颜色、大小、面积、位置、材质等方面都相同；相对对称允许左右两边的物体或图案有适当的变化，利用视觉上的平衡达到平衡感，不需像绝对对称一样，左右两边的物体或图案在每一方面都达到绝对一致。左右对称在视觉上给人带来统一协调、有秩序的感觉，但易产生呆板、不够活泼的效果。服装设计中常常会利用口袋设计、饰物设计来增加整体的形式美感。（如图2-30、图2-31）

（二）局部对称

服装中某一部分或局部采用的是对称形式。这类设计中，服装整体可

图2-30　以前中线为基准左右对称（Iris Van Herpen Fall，2016）
图2-31　肩部的皮草装饰左右对称

能并没有达到对称的效果，但是在某个局部位置会采用相同的形式来营造一种对称氛围，如上装采用对称的结构，下装的裙摆会有不对称的造型。局部对称常常被用在服装设计中，以使服装局部达到和谐统一，并丰富细节设计。（如图2-32、图2-33）

图2-32　白色部分的不对称调和了黑色上衣对称的沉闷（Jil Sander）
图2-33　袖子的局部对称中和了前门襟的不对称

（三）回转对称

指以某条线为中线，将物体反方向旋转后，能够与原物重合或获得相同的排列组合的形式。回转对称能使设计元素在不同的位置出现呼应效果，回转对称多体现在装饰图案的应用中。在服装设计中，设计者经常会在不同的部位运用相同或相似的设计元素，并使它们在视觉上相呼应，以达到服装整体风格的一致。（如图2-34、图2-35）

二、对比

对比是一种比较关系，指相同或不同事物之间相互比较，体现了事物之间部分与部分、部分与整体之间的比值，以形成某种对比关系。服装设计中可以概括为服装与部件、部件与部件之间的对比，以达到的某种视觉效果。包括设计元素的大小、面积、色彩、位置、材料、形状等

图2-34　上衣印花和裤子印花的回转对称（Miu Miu，2016）
图2-35　头部的装饰与上衣的装饰形成回转对称

反差较大的两个以上的元素，在一定条件下共处于完整的服装整体中，形成对比的关系，以突出所需要表现对象的特征，增强其艺术感染力，达到鲜明、醒目、刺激、振奋的艺术效果。

对比的表现形式在服装设计中也是多种多样的，如服装款式的对比、服装色彩搭配的对比、服装面料组合的对比等；还可以是设计元素之间的对比，体现在设计元素的大小、长短、粗细、明暗、动静、软硬、直曲等方面。对比设计法则的合理运用可以使作品获得生动、活泼的效果，且更有趣味性。

（一）服装款式造型的对比

服装款式之间的对比，主要体现在服装造型的宽松与紧致、挺括与柔软、蓬松与紧密等上，都会形成视觉上的对比效果。如，宽松上装和收紧的下装之间的对比、紧身内衣和宽大的外套之间的对比、紧身T恤和蓬蓬裙之间的对比、短上衣与长下装之间的对比，等等。

服装内部结构的对比，主要体现在服装内部分割的复杂与简洁、服

图2-36 短上衣与长裙的对比
图2-37 上衣的蓬松与裤子的紧身之间的对比
图2-38 上衣的厚重繁琐与短裤的简洁轻薄之间的对比

装部件的大小与面积、服装内部装饰纹样的华丽与简朴等对比效果上。（如图2-36至图2-38）

（二）服装色彩搭配的对比

服装色彩搭配之间的对比，表现为整体服装色彩搭配时的冷暖对比、明暗对比、纯灰对比等。如，明亮的上衣与灰暗的下装之间的对比、柔和朴素的外套与鲜艳华丽的内衣的对比、清新冷静的套装与温暖热烈的配饰的对比，等等。（如图2-39至图2-41）

（三）服装面料组合的对比

服装面料组合的对比，主要指制作服装的面料、辅料等的厚薄、轻重、软硬、质感、垂感、光滑与褶皱等形成的对比效果。如，针织毛衣外套与梭织裤装的对比、厚

图2-39 邻近色的对比
图2-40 同类色的对比
图2-41 同类不同明度色的对比

图2-42 袖子
面料和衣身面料
的对比

重的毛呢外套与轻薄的丝绸连衣裙的对比、挺括的皮衣与柔软的雪纺裙的对比、精美的刺绣套装与简洁内搭的对比，等等。（如图2-42至图2-44）

三、比例

比例的概念来自数学上的黄金分割比，通常指整体与部分、部分与部分之间的数量关系。在服装设计中，则是指通过设计元素的造型、色彩、材料等互相之间的质量差所产生的平衡关系。比例一般体现在设计元素的长

图2-43 皮草的柔软与裙子的挺括形成鲜明的对比

图2-44 上衣厚重的毛呢与裙子透明的欧根纱的对比（Sacai，2016）

短、大小、位置、材质、形状等上，如裙长与整体服装长度之间的关系，贴袋装饰的面积大小与整件服装大小的对比关系，等等。对比的数值关系达到了美的统一和协调，便会形成比例美。

服装各部分的尺寸比例、不同色彩的面积比或不同部件的体积比等，都会形成比例关系，如服装的褶皱疏密的对比，厚重的外衣面料与薄如蝉翼的内衣面料的面积比，等等。服装设计中比例的应用会随潮流的改变而变化，不一定绝对符合黄金分割比，但一定要遵循美的原则。（如图2-45、图2-46）

（一）服装款式造型的比例

在服装设计中，服装的外部廓形和内部结构都可以通过造型的差异形成比例的关系。比如，小个子女性和大个子女性提着同样大小的包、戴同样大小的帽子，所形成的比例关系和视觉效果会大不相同。外套大衣的长度和裙长的比例关系，服装内部的切割线和下摆的位置，领子、袖子和服装整体的比例关系等，都会影响身体比例。服装整体设计中，腰线位置的变化

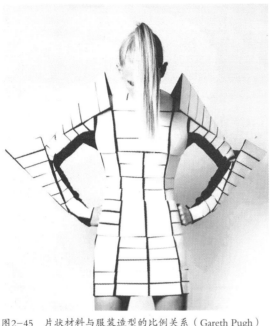

图2-45　片状材料与服装造型的比例关系（Gareth Pugh）
图2-46　肩部的皮毛大小与服装整体的比例关系（Sacai）

会直接改变上下身的比例关系。可见，比例在服装设计中发挥着重要的作用。
（如图2-47、图2-48）

图2-47　裙子的大廓形与头饰和手饰的比例关系（Diana Gamboa）
图2-48　服装夸张的大廓形与人体的比例关系

（二）服装色彩搭配的比例

在进行服装颜色搭配时，通过色彩的面积大小、明度差异、纯度对比和颜色的不同，可以形成一定的比例关系。如，上衣色彩与下装色彩的面积比例关系，内衣色彩与外衣色彩的比例关系，不同颜色之间的面积比例关系，相同色彩之间的面积大小关系，多种色彩搭配之间的比例关系，等等。（如图2-49至图2-52）

四、节奏和韵律

节奏、韵律是音乐术语，指音的连续，音与音之间的高低起伏以及间隔长短在连续奏鸣下反映出的感受。在

图2-49　无彩色与有彩色的比例

图2-50　高纯度色彩之间的比例关系
图2-51　高纯度色彩之间的比例关系
图2-52　多种色彩搭配之间的比例关系

设计中，可以利用某些设计元素，通过一定规律的排列组合，并连续反复交替变化应用，形成视觉上的节奏和韵律感。这种交替重复变化既可以是有规律的重复，也可以是无规律的交替重复，还可以是阶梯性的交替重复。根据韵律的旋律和节奏不同，在视觉上会产生不同的感受，在设计过程中要结合服装整体风格，巧妙地加以运用，以取得独特的韵律美感。（如图2-53、图2-54）

在服装设计中，节奏和韵律的产生是因设计要素的反复、交替、排列、间隔等所产生的视觉效果。同一要素不断出现两次以上就成为反复，同一要素经过多次反复、交替，并按照某种规律排列之后会形成节奏和韵律。节奏的产生受排列规律和间隔元素的影响，排列规律和间隔元素相同地反复交替形成单一节奏，排列规律和间隔元素有变化地反复交替形成有变化的节奏。但要注意，排列规律和间隔元素反复交替的变化不能太大，否则会导致混乱而且没有秩序。

图2-53　蓝色层叠波浪的重复使用形成节奏韵律（ISSEY MIYAKE）
图2-54　线状图形的反复使用在视觉上形成律动感（ISSEY MIYAKE）

服装设计中，款式造型的重复、色彩的排列、结构的反复交替、图案的连续出现等，都可以形成节奏和韵律。利用色彩的明暗组合排列、间隔组合的不断反复交替、装饰手法和装饰图案的多次反复交替、服装内部结构的多次反复交替变化并按照一定规律排列组合，都可以形成节奏和韵律。如，服装中褶皱的大小、宽窄及长短结合、色彩的运用和搭配，会形成强烈的节奏和韵律；造型元素点、线、面、体的反复交替排列变化，也可以体现出轻、重、缓、急等有规律的节奏变化；装饰图案应用在裙边、袖口、领巾的叠褶等位置，随着人体的运动也会表现出动感十足的节奏和韵律。（如图2-55至图2-57）

图2-55　超大裙摆上颜色各异的波浪花纹带来无穷的律动感

图2-56　颈间的荷叶边装饰和夸张的裙摆上反复出现的元素带来一种节奏感

图2-57　上衣上反复的条纹和裙子上摇摆的流苏带来一种节奏感

五、平衡

平衡是指物体或系统的一种相对稳定和谐的状态，在不同的科学领域，其含义也不同。服装设计中的平衡更多地侧重于人们视觉和心理的感受，有对称平衡和不对称平衡两种形式。对称平衡是平衡中最简单直接的一种形式，表现为事物的各要素，如面积、大小、材质、颜色等保持相同状态的平衡，传达一种严谨、端庄、安定的感受，但有时未免显得太过严肃而呆板，常应用在军服、制服的设计中。不对称平衡指事物的各要素以不失重心为原则，在色彩、尺寸、款式等方面互相补充，保持整体的均衡统一。相较于前者，不对称平衡更活泼、更有趣味，多应用于创意服装设计中。

平衡手法体现在服装设计中指设计元素在形状、颜色、材料、大小、轻重、明暗及质感等各方面达到平衡或相对平衡的视觉效果，既可以应用在服装款式造型中，也可以应用在服装色彩搭配中，还可以应用在服装面料的选择中。对称平衡的服装给人以庄重、单调、严肃的视觉感受，如中山装、西装、职业装等；不对称平衡的服装给人活跃、不安定的视觉感受，如舞台装、礼服、休闲装等。（如图2-58至图2-60）

图2-58　服装一侧的喷色增添了一种不对称的均衡美
图2-59　皮革、针织、梭织等不同的面料达到均衡的效果
图2-60　黑色袖子与红色手包的微妙呼应使整体视觉达到平衡（Toga，2016秋）

六、强调

强调是着重突出的意思。在服装设计中，强调是指利用服装款式造型、服装色彩或服装面料突出服装设计中的重点部分、关键部分，以达到突出某一设计主题的目的。被强调的部分是整体中最醒目的部分，虽然面积可大可小，但却有特别的功能，具有吸引人目光的强大力量，起到画龙点睛的效果。

服装设计中可强调的部分很多，主要体现在对服装款式造型、对服装色彩搭配、对设计元素、对材质肌理、对面料质感、量感的强调，等等。通过强调的手法使服装整体生动而引人注目，更具风格特色。

应用强调法则时要注意选择适当的位置和方法，强调的点不要过多，一两处足矣。可以利用色彩、材料、剪接线、装饰物等进行强调。运用强调法时要注意整体效果，不可盲目乱用。（如图2-61至图2-63）

七、夸张

夸张是运用丰富的想象力来夸大、突出所表达的事物的某些特征，以增强整体效果的方法。夸张手法有突出主题、吸引眼球的效果。因此，在服装设计中，巧妙合理地利用夸张手法可以达到意想不到的突出设计点的效果，常被用在创意服装、表演服装等设计中。

图2-61 强调肩部和前胸的造型和肌理
图2-62 整体黑色系搭配腰间的褶皱装饰，既突出了亮点又打破了整体的沉闷（达衣岩）
图2-63 背部的精妙剪裁凸显女性的曼妙身姿

在设计时，可以通过服装的造型、色彩、面料、装饰配件等很多方面达到夸张的效果。如夸张的服装款式造型、夸张的色彩搭配、夸张的装饰、夸张的剪裁工艺、夸张的图案纹样等。可以应用夸张手法的位置很多，可以根据服装整体的效果选择需要夸张处理的位置，也可以根据服装设计主题选择需要夸张的位置。常见的部位有服装的肩部、领子、袖子、胸部、腰部、下摆等。一件服装中应用夸张手法的位置不可过多，一两处足以渲染气氛，达到效果。过多地使用夸张手法不但达不到想要的效果，还会适得其反，而合理使用则可以使服装整体风格更突出，特征更鲜明。（如图2-64至图2-67）

八、变化与统一

变化与统一是构成服装形式美诸多法则中最基本，也是最根本的一条法则，是设计手法的核心，领会并掌握好这一法则，对于把握服装设计整体风格至关重要。

图2-64　头饰的夸张设计让整体造型夺人眼球

图2-65　夸张的裙摆设计打破了上衣的单调感
图2-66　大胆的创意、夸张的服装造型都彰显着设计师鲜明的个性和深刻的主题（Alexander McQueen）
图2-67　夸张的款式造型与渐变的色彩共同营造出服装整体的特色（Maison Rabih Kayrouz）

变化是指不同的设计要素组合、排列在一起，形成一种明显的对比和差异。变化具有多样性和活泼感，而差异和变化通过设计要素之间相互关联、呼应、衬托达到整体关系的协调，使相互间的对立关系从属于有秩序的整体关系之中，从而具有统一性和秩序感。变化与统一的关系是相互对立又相互依存的，二者缺一不可。

在服装设计中，变化统一主要体现在服装的款式、色彩、面料、结构、工艺技法、装饰手法等几个设计要素中。既要追求设计要素的变化，又要避免各设计要素杂乱堆积，缺乏统一性。在追求秩序美感的统一风格时，也要防止因缺乏变化而引起的呆板、单调的感觉。因此，就要在统一中求变化，在变化中求统一，并保持变化与统一的适度，才能使服装设计日臻完美。（如图2-68至图2-70）

图2-68　多种设计元素融合在一起，既变化又统一（Miu Miu，2016）
图2-69　多种设计元素融合在一起达到一种和谐（Prada，2016）
图2-70　以粉色调为主，加以夸张的袖型和娇艳的花朵进行调和，整体的特色统一而不失变化　（Maison Rabih Kayrouz）

思考与练习

1．根据文中实例，从流行的角度出发，搜集服装设计中造型元素点、线、面的优秀设计实例图片，并加以分析。

2．在掌握造型美要素的基础上，分别运用造型元素点、线、面进行服装设计练习。

3．在掌握基本形式美法则的基础上，分别进行服装设计练习，体现对比、节奏、夸张的形式美感。

第三章

服装造型设计

服装造型设计包括服装的外造型和服装的内造型两个部分。服装外造型是指服装外部廓形。服装内造型是指服装内部结构线、剪辑线、省道线以及服装内部结构的各个部分（如领子、袖子、口袋、门襟、腰头等服装部件）的设计。服装外造型和服装内造型共同组成了服装款式造型的有机整体，在服装整体设计中两者都是不可或缺的重要组成部分。

第一节 服装廓形设计

一、服装廓形的概念

服装廓形是服装的外部轮廓造型，也称轮廓线，是服装外部造型的大致轮廓。服装的整体款式造型中，如剪影般的外部轮廓特征会快速地、强烈地进入视线，给人留下深刻的印象。同时，服装廓形的变化影响并制约着服装内部造型的设计，服装款式造型的设计又丰富和支撑着服装的廓形。廓形是服装造型的基本要素，它进入人们视觉的速度和强度高于服装的内部细节，仅次于服装色彩。因此，从某种意义上来说，色彩和廓形决定了一件服装带给人的最初印象，是服装设计的重要组成部分。（如图3-1、图3-2）

图3-1　简洁的线条和精良的剪裁，体现大衣的廓形（Alexis Reyna Fall，2015）

图3-2　A字版型的外套搭配宽松的裤子，使整体廓形更有质感（Acne Studios）

二、服装廓形的分类

通常，人们会根据服装外轮廓的形状和服装外部剪影形状来对服装廓形分类和命名。很多研究者对服装外轮廓造型进行分类研究。如：美国的Ayoung总结出直线型、钟型和巴斯尔型；M. Featherstone和D. H. Maack总结出椭圆型、三角型、四角型和沙漏型；Hillhouse和Morion总结出流线型、箱型、膨臌型、T型、衬裙型、背部波浪型等。还有以几何图形表示的服装廓形，主要有：三角形、倒三角形、沙漏型、长方形、梯形、椭圆形等。现代常用的以字母命名的服装廓形是法国时装设计大师Dior首推的。一般说来，服装设计界最典型的以字母表示的服装廓形主要有A型、H型、X型、T型、O型、Y型、S型、V型等几种。

（一）A型

A型廓形的服装主要特点是忽略肩部结构，即裸肩或窄肩造型，由腋下逐渐变宽，强调下摆扩展的廓形。A型廓形的服装以连体的款式居多。上衣和大衣以不收腰、宽下摆，或收腰、宽下摆为主要特征；连衣裙的肩部较窄或裸肩，以裙摆宽松、肥大为显著特征；裙子和裤子均以收腰阔摆为基本特征。A型廓形的服装给人以活泼、甜美的感觉，多用于童装、连衣裙和大衣。（如图3-3至图3-5）

图 3-3　A型廓形的礼服（Dior）
图 3-4　Valentino Spring，2016 Couture
图 3-5　A型军旅风大衣外套

（二）H型

H型廓形的服装主要特点是稍加强调肩部造型，自上而下忽略腰部线条，呈筒形下摆。上衣和大衣以不收腰、窄下摆、衣身呈直筒状为主要特征；裙子和裤子也以上下等宽的直筒状为特征。H型廓形的服装给人以修长、简约的感觉，具有严谨、干练的男性化风格特征。设计往往偏重于直线型，或垂直或水平，内外风格一致，内部结构为外部造型的细化与内现，内外相互呼应，把H型廓形的简约、庄重的中性化风格特征表现得淋漓尽致。（如图3-6至图3-8）

（三）X型

X型廓形又叫沙漏型，主要特点是稍宽的肩部、收紧的腰部和自然放开的下摆。上衣和大衣以宽肩、阔摆、收腰为基本特征；裙子和裤子也以上下肥大、中间腰部收紧为基本特征。X型廓形造型设计偏重于收腰的曲线，强调收紧的腰部、宽松张开的下摆和稍加强调的肩部，款式造型如波浪状裙摆、夸张的荷叶

图3-6 宽松小洋装搭配紧身半身长裙，整体呈现H型廓形（Chanel）
图3-7 H型廓形的连衣裙（Chanel）
图3-8 合身剪裁的H型廓形大衣（Chanel）

图3-9 X型礼服裙（Christian Dior）

边、轻松活泼的泡泡袖等，充分展现了女性的优雅与浪漫。（如图3-9至图3-11）

（四）T型

T型廓形的服装主要特点是强调或夸张肩部造型、下摆内收，形成上宽下窄的造型。上衣、大衣、连衣裙等以夸张肩部、收紧下摆为主要特征，如强调肩部的西装或大衣搭配铅笔裙或铅笔裤，服装风格多表现出帅气、干练、中性的特点。（如图3-12至图3-15）

（五）O型

O型廓形又叫圆型，服装主要特点是胸部、腰部及下摆处没有明显的收紧，忽略肩部、腰部线条，腰部呈宽松状态，从上至下处于膨胀造型，形成圆形或者椭圆形的廓形，一般以连衣裙或裙装款式居多。O型廓形的服装

图3-10　X型礼服裙
（Alexander McQueen）
图3-11　X型礼服裙
（Christian Dior）

图3-12　突出的肩部线条与收缩的下装轮廓形成T型（Ulyana Sergeenko，2016）
图3-13　略显夸张的肩部线条搭配修身裤整体呈现T型廓形（Alexandre Vauthier，2016）

图3-14 上衣松软的
面料加长一步裙整体营造
T型廓形（Chanel）

图3-15 男装的T型廓
形恰到好处地体现了男性
身体特征（Chanel）

给人一种活泼感和趣味性。（如图3-16至图3-19）

（六）Y型

　　Y型廓形的服装在造型上强调肩部的线条，收紧的腰部和
窄小的下装，和T型廓形有点类似，主要区别在于腰部线条，T
型廓形腰部线条处于宽松状态，Y型廓形腰部线条稍微收紧。
　　Y型廓形造型通常应用在套装和礼服裙的款式中，体现女性中

图3-16 透明材质营造整体O型廓形
图3-17 圆点图案和整体的O型造型营造了服装诙谐幽默的风格
图3-18 透明材质营造整体O型廓形
图3-19 渐变的色彩让O型裙更有韵味

图 3-20　强调肩部线条，收紧的腰部搭配紧身及膝裙形成Y型廓形
图 3-21　强调肩部线条，收紧的腰部搭配紧身及膝裙形成Y型廓形
图 3-22　强调肩部线条，收紧的腰部搭配紧身窄脚裤形成Y型廓形（Saint Laurent）

性、帅气的风采。（如图3-20至图3-22）

（七）S型

S型廓形又叫人鱼型，造型完全按照女性人体的曲线裁剪，突出女性的线条特征，形成优美迷人的S形曲线。自然的肩部线条、挺拔的胸部、纤细的腰部线条、丰满圆润的臀部，以及修长的腿部构成了完美的S型。主要特点是突出胸部、腰部、臀部线条，在女装礼服中经常使用，服装造型整体以紧身款式为主。（如图3-23至图3-25）

（八）V型

V型廓形的服装和Y型廓形的服装有点类似，只是V型服装不强调腰部线条，收紧的下摆搭配宽松的肩部线条。V型廓形在很多高级成衣中有较多的应用。（如图3-26至图3-28）

图3-23　S型廓形连衣裙完美体现女性身体曲线美（Shady Zein Eldine，2012）

图3-24　S型长礼服裙侧的镂空蕾丝面料让服装更加性感妖娆

图3-25　合体的剪裁，半透明的面料很好地衬托了模特完美的身材

图3-26　宽松夸大的肩部线条和窄小的一步裙呈现V型廓形（Christian Dior）

图3-27　宽松的上衣和紧身的及膝裙形成V型廓形（Christian Dior）

图3-28　松垮的肩线搭配紧身迷你裙整体呈现V型廓形（Alexandre Vauthier Spring，2016 Couture）

三、廓形设计的基本变化点

服装廓形的分类多种多样，造型千变万化，其分类和变化的依据都是对人体的基本形态做出相应的调整。服装中每一处的结构和造型变化都会对服装整体的廓形产生影响，决定和影响外部轮廓造型变化的关键位置有肩部、腰部、臀部、底摆等，通过这几部分的位置、形状、围度的变化来影响并决定服装廓形的变化。

（一）肩部

肩部处于服装和人体的上半部分，紧挨着头部，是视觉集中的区域。肩部设计有圆肩、方肩、宽肩、窄肩等不同造型，设计时，主要通过肩线的变化、肩部的宽窄、肩部廓形的变化改变服装整体廓形。不同的肩部造型带给人不同的视觉感受，如圆肩、窄肩造型小巧、圆润、柔美、自然，体现女性优美的线条；宽肩、方肩线条硬朗、平展，尽显穿着者的帅气、干练、英气逼人。（如图3-29至图3-32）

图3-29　宽肩造型
图3-30　窄肩造型

图3-31　方肩造型
图3-32　圆肩造型

（二）腰部

腰部在服装和人体的中心位置，而腰线是上衣和下装的分界线，腰线的高低决定了服装整体的比例。腰线的高低变化很大，上可至胸部以下，下可至臀围线附近，分为高腰线、中腰线、低腰线。腰部造型对于服装的整体造型有着至关重要的作用，宽松或收紧的腰部造型会影响甚至决定一件服装整体廓形的变化。腰部的造型主要是通过腰线的位置、腰部的围度变化、腰部的造型等实现的。（如图3-33至图3-35）

（三）臀部

臀部紧连腰部，也处于人体和服装的中间部位，且臀部的曲线是女性的重要体态特征，臀部造型的变化对服装整体的造型有重要的影响。臀围的造型变化主要有臀围的自然廓形、收缩廓形、夸张廓形等。臀部的造型主要通过臀围的围度变化、

图3-33　提高的腰线
图3-34　降低的腰线
图3-35　自然束紧的腰线

臀围的廓形来改变服装整体的廓形。（如图3-36、图3-37）

（四）底摆

20世纪之前，女性服装的底摆基本都是拖地式，脚部和腿部绝对不能露在外面，这种不能露脚的风俗习惯是由多种因素决定的。随着社会经济、思想、文化的不断进步，20世纪初，女性服装的底摆被提升至脚踝甚至是小腿等部位，这反映了社会文明的不断进步。所以，服装底摆的变化曾经一度反映了社会精神文明的发展程度和审美价值的变化。

服装的底摆处于视觉的最下端，

图3-36 臀围收缩廓形
图3-37 臀围自然廓形

底摆的位置、底摆的围度、底摆的形状的变化，加之肩部和腰部线条的统一协调改变，会影响服装整体廓形的变化。底摆的位置变化分为拖地、及踝、及小腿、及膝、及大腿等。底摆位置的不同会体现出不同的服装风格。如膝盖以下的长底摆，会使人显得优雅、成熟、沉稳；膝盖以上的短底摆，则会呈现活泼、青春、张扬的特征。底摆的围度和形状的变化也会呈现不同的风格特征，如收紧的窄底摆，会使人显得干练、利落；繁复的百褶底摆，则会显得浪漫、青春；夸张的蓬蓬底摆呈现的则是趣味和活泼。（如图3-38至图3-40）

服装廓形的变化历来是服装款式流行演变的重要特征，例如，西洋服装中20世纪50年代流行的帐篷形，60年代的酒杯形，70年代的倒三角形，70年代末、80年代初的长方形，以及近年来流行的宽肩、低腰、圆润的倒三角形，等等。随着时代的变迁更替，服装的廓形还会有新的流行和变化，呈现新的廓形。

图3-38　外套收紧的底摆与裙子张开的底摆完美呈现了鱼尾廓形（Alexander McQueen）
图3-39　不规则的裙底摆（Alexander McQueen）
图3-40　膨胀的底摆与收紧的腰部线条使服装整体廓形更加清晰

第二节　服装部件设计

　　服装部件，主要指服装内部结构造型，包括服装的衣领、衣袖、衣袋、门襟、腰部甚至服饰配件（如领带、腰带、纽扣、鞋帽、包等）等服装各内部组成部分的造型。在一套服装中，服装的外部造型决定服装的廓形，服装的内部造型决定服装的细节。在每一季的服装流行中，服装的局部造型都会对服装的整体风格的形成产生重要的影响。

一、衣领的设计

　　衣领在服装设计中占有重要的地位，在服装整体造型中，衣领处于最醒目的位置。衣领不仅具有防风防沙、保暖御寒、调温散热等保护人体的实用功能，还有修饰体型和脸型的审美功能，能弥补面、颌、颈、肩的缺陷，并且能强化和突出服装造型的视觉艺术效果，具有很强的装饰功能。

　　衣领的构成要素主要有领圈（又称领线或领口）的形状、领座（又称领脚）的高度和翻折线的形态、领面轮廓线的形象，以及领尖的造型等。由于衣领的形状、大小、高低、翻折等的不同，形成了各具特色的服装款式。

（一）衣领的基本分类

衣领的式样繁多，造型千变万化，分类和名称说法不一。按衣领的高度可分为：高领、中领、低领；按衣领的形状可分为：方领、圆领、尖领、不规则领；按衣领的结构可分为：无领、立领、翻领、驳领。下面我们主要就衣领的结构加以阐述。

1. 无领

将领口塑造成为领形的一种领型，又称领口领，即只有领圈而没有领面。基本形态主要有一字领、圆领、V型领、鸡心领、方形领、梯形领和花形领等。无领结构简单，造型简洁，因为没有领座，所以视觉上会使人的脖颈显得修长。（如图3-41至图3-43）

2. 立领

立领是将领片竖立在领圈上的一种领型，又称竖领。立领的结构较为简单,具有端庄、典雅的东方情趣。立领在结构上有连立领和立领之分，连立领没有单独上领子，领圈线和领子不裁开，连成一片式；立领的领子是缝制在领圈线上的，在领圈线上重新

图3-41　圆领

图3-42　V字领
图3-43　无领变化款

图3-44 立领　　　　　　　　　图3-45 中式立领　　　　　　　　　图3-46 连立领

装立领。我国传统旗袍、中式便服、现代学生装的领式都属于立领。（如图3-44至图3-46）

3. 翻领

翻领是将领面向外翻折的一种领型，结构上翻领分为领座和翻领两部分，其主要造型变化体现在翻领领面上。翻领的领面变化多种多样，如波形领、皱翻领、铜盘领、马蹄领、燕子领、蝴蝶领、花边领。（如图3-47至图3-49）

图 3-47 铜盘领　　　　　　　　图 3-48 夸张的翻领　　　　　　　　图 3-49 衬衫领

4. 驳领

驳领是翻领的一种，又叫翻驳领。其结构的主要特点是翻领和衣片缝合，驳领由衣片的挂面翻出而成，前门襟敞开呈V字形。驳领由领座、翻领和驳头三部分组成，西装领是驳领的典型代表。驳领的式样很多，常见的有小驳领、大驳领、连驳领等，现对这三类驳领式样分别加以分析。

（1）小驳领。

此为普通的驳领形式，又称锯齿领，适用于单排扣西装。（如图3-50、图3-51）

图3-50　经典的西装驳领，一侧镶边的小设计很出彩
图3-51　小驳领与短小的呢外套互相协调

（2）大驳领。

此为燕尾礼服的衍生型，又称枪驳领或剑型领，适用于双排扣、单排扣西装。（如图3-52、图3-53）

（3）连驳领。

此为领面与驳头连成一体的领型，如丝瓜领、青果领、燕子领等，一般用作西装礼服领，也可用作大衣领和睡袍领。（如图3-54、图3-55）

图3-52　大驳领女式大衣外套
图3-53　大驳领连衣裙

图3-54　外套搭配青果领
图3-55　连驳领男士西装

（二）衣领的设计要点

衣领作为服装的一部分，设计时首先要符合服装整体风格，同时，还要适应着装人的头部、脸部、颈部、肩部、背部、胸部乃至体形的不同特征。其次，衣领的设计要与面料相协调。比如，粗纺呢料比较厚重、敦实，宜做大衣领；丝绸比较柔软、飘逸，适作翻领、圆领、荷叶领、花瓣领、围巾领等；针织料的弹性好，服帖、适体，

图3-56　不同风格的衣领（1）　　　　　　图3-57　不同风格的衣领（2）

宜做运动服、休闲服、睡衣等领子。最后，还要根据服装整体的风格和不同时期的流行趋势进行综合考虑，设计出既符合整体风格又有独立特征的领型。（如图3-56、图3-57）

二、衣袖的设计

衣袖与衣身连在一起，是衣服套在手臂上的部件，也是服装的重要部件之一。衣袖的结构造型极其丰富，其构成要素一般主要有袖山、袖窿、袖身、袖口等，由这些要素形成衣袖的整体造型，而衣袖的变化也是由这些要素的变化产生的。

（一）衣袖的基本类型

按袖长分类可分为长袖、中袖、半袖、短袖、盖袖、无袖等；按袖型分类可分为灯笼袖、喇叭袖、花蕾袖、马蹄袖、羊腿袖、鸡腿袖等；按袖片分类可分为一片袖、二片袖、三片袖、多片袖等；按结构分类可分为圆袖、平袖、肩袖、插肩袖、连身袖、连肩袖、泡泡袖等。下面笔者将对无袖、连袖、装袖、插肩袖进行重点分析。

1. 无袖

无袖是以肩线为起始，肩部以下没有延续部分，也不另装衣片，以袖窿线作为袖口的一种袖型，又称肩袖。无袖结构简单，造型简洁，多用于夏季T恤衫、背心等。（如图3-58、图3-59）

2. 连袖

连袖是衣袖肩部与衣身连成一体的一种袖型，又称连衣袖、连身袖，也称中式袖、和服袖，这是一种衣身衣袖一体、呈平面形态的袖型。这种袖型由于不存在生硬的结构线，因此能保持上衣的完整性。但是由于连袖宽松的造型，使得多余的面料没有被裁

图3-58   图3-59

剪掉，腋下会有多余的布量存在，视觉上会有累赘感。连袖在时装以及日常
休闲时穿的长衫、晨衣、浴衣、家居服、海滩服中常被采用，具有方便、舒
适、宽松的特点。（如图3-60、图3-61）

图3-60   图3-61

3. 装袖

装袖是将衣袖和衣身分开裁剪，再经缝合而成的一种袖型，又称接袖。装袖的造型很多，有直线式、卡腰式、半紧身式和扩展式等多种轮廓造型。装袖的结构复杂，有一片式、两片式、三片式等。装袖的袖山弧线长度一般大于袖窿弧线长度，根据造型有适当的余量。日常人们所穿的西装、衬衫等就是这种装袖形式。装袖的款式繁多，有平装袖、圆装袖、主教袖、羊腿袖、鸡腿袖、泡泡袖、灯笼袖、喇叭袖、花蕾袖，等等。（如图3-62、图3-63）

图3-62　西装袖（Giorgio Armani）
图3-63　西装袖长大衣

4. 插肩袖

插肩袖是袖片从袖窿直插领口的一种袖型，介于连袖与装袖之间，又称装连袖、过肩袖。插肩袖的袖子与肩部相连，由于袖窿开得较长，有时甚至开到领线处，因此整个肩部全被袖子所覆盖。插肩袖的袖窿和袖身的结构线颇具特色，流畅、简洁而宽松，方便行动，因而

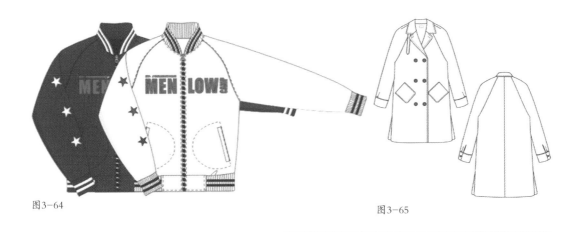

图3-64   图3-65

这种袖型适用于大衣、风衣、短上衣、外套、连衣裙等。自由宽松型的服装使用插肩袖结构效果更佳，但袖子放下时会出现较多的余位，与装袖相比，宽松有余，但显得不够贴体。（如图3-64、图3-65）

（二）衣袖的造型变化

衣袖的造型，随袖窿、袖山、袖身、袖口及装饰等因素的变化而产生相应的变化，主要形式有以下几种。

（1）袖窿位置、形状、宽窄的变化。（如图3-66至图3-68）

图3-66   图3-67   图3-68

（2）袖山高低、形状的变化。（如图3-69至图3-71）

（3）袖身长短、肥瘦、横向分节、竖向分节、抽褶的变化。（如图3-72至图3-74）

图3-69
图3-70
图3-71

图3-72
图3-73
图3-74

图3-75   图3-76   图3-77

（4） 袖口大小、宽窄、口形、底边的曲直斜、开门方式、开门位置、开门长短、边缘装饰及卷袖的变化。（如图3-75至图3-77）

（三）衣袖的设计要点

手臂是人体中运动幅度比较大的部位，衣袖的设计首先要符合手臂的运动特点，在结构上要符合人体肩部和手臂的结构。其次，造型上要符合服装整体的造型风格。最后，还要结合不同时期的流行元素进行搭配组合，设计出既符合实用功能又具有时代审美价值的衣袖。

三、衣袋的设计

衣袋是服装部件设计的一个部分。衣袋除了有人们随身携带小物品的实用功能外，还能丰富服装结构，增加服饰的趣味性。随着人们生活习惯及生活观念的改变，衣袋的装饰功能远远超过实用功能，衣服上有更多的口袋并不是为了装东西，而是为了美化服装。服装口袋也根据人们的需要和审美变化而不断翻新花样。

（一）衣袋的基本类型

1. 贴袋

贴袋是将布料裁剪成一定的形状，直接贴缝在服装上的一种袋形。贴袋直接贴缝在服装表面，制作工艺简单，造型千变万化，是所有口袋中造型变化最丰富的一类。设计贴袋时除了要注意准确地画出贴袋在服装中的位置和基本形状以外，还要注意准确地标明贴袋的缝制工艺和装饰工艺等。（如图3-78、图3-79）

图3-78　左右对衬的贴袋
图3-79　立体与半立体的贴袋

2. 挖袋

挖袋是将衣料破开一条袋口，在袋口内装袋布的一种袋型，又称开袋、暗挖袋。挖袋与贴袋相比，工艺稍显复杂，且对制作工艺要求较高。衣袋外表变化不多，主要变化在于袋盖，多用于男装和裤装。（如图3-80、图3-81）

图3-80　常见的挖袋
图3-81　常见的挖袋

3. 插袋

插袋是缝制在衣缝内的一种袋型。造型简洁、工艺复杂，常用于牛仔裤。（如图3-82、图3-83）

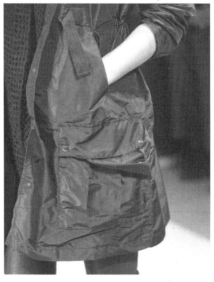

图3-82　常见的插袋类型
图3-83　隐形的插袋

4. 假袋

假袋是外部只看见袋盖，省略了袋布的一种袋型，主要起到装饰和点缀服装的作用。（如图3-84、图3-85）

图3-84　装饰性的假口袋
图3-85　装饰性的假口袋

（二）衣袋的造型变化

衣袋的构成要素主要有口袋和袋盖与衣片的关系，包含大小、位置高低、形态特征等几方面，衣袋的变化也主要由这几方面决定。

（1）袋身变化：主要指衣袋本身的形状、色彩、材质等的变化。

（2）袋口变化：主要指衣袋口的开口大小、开口形状、开口结构等的变化。

（3）袋盖变化：主要指覆盖衣袋的盖子的形状、材质、色彩等的变化。

（4）袋位变化：主要指衣袋的位置的设计和变化。

（5）分割变化：主要指衣袋的结构分割、分片、比例等的变化。

（6）装饰变化：主要指衣袋的造型、款式、纹样的变化，以及装饰手段的变化等。

（三）衣袋的设计要点

衣袋的设计首先要满足方便、实用的原则，具有实用功能的口袋一般都是用来放置小件物品的。因此，衣袋的朝向、位置和大小都要方便手的操作。其次，衣袋的大小和位置都可能与服装的相应部位产生对比关系。因此，设计衣袋的大小和位置时要注意使其与服装的其他相应部位的大小和位置相协调。再次，衣袋的装饰手法也很多，对衣袋做装饰设计时，也要注意所采用的装饰手法与整体风格协调。最后，衣袋的设计要注意结合服装的功能要求和材料的特征，增强它们的功能性和美观性，在满足衣袋的实用功能的同时注意其审美功能的表现，满足人们的审美需求，使服装整体更趋向完美。

四、门襟设计

门襟是指上衣在前胸的开口部位，其功能一是为了方便服装的穿脱，同时，也有装饰作用。根据左右两片是否对称，门襟可分为对称式门襟和非对称式门襟。对称式门襟是指服装以门襟线为中心轴，造型上左右完全对称；非对称式门襟是指门襟线离开中心线而偏向一侧，从而造成不对称效果的门襟，又称偏门襟。结构上门襟与衣领直接相连，如果门襟的结构不能与衣领的结构相适应，将会给制作带来困难，并影响最终的设计效果。在设计门襟的位置和长度时，既要注意穿衣者的方便，也要注意被分割的衣片具有整体效果。由于不同的装饰手法对服装的整体风格都可能带来影响，因此，要根据服装的整体风格来决定门襟的造型和装饰手法。门襟的变化主要通过其所处位置和长短以及装饰图案来表现，也可以考虑在门襟的造型和材料以及颜色上做

图3-86　不规则造型的门襟
图3-87　装饰性门襟
图3-88　夸张的偏离中心线的斜门襟

变化设计。如果结合适当的装饰工艺形式和适当的配饰，门襟也可以成为服装中的一大亮点。（如图3-86至图3-88）

五、腰部设计

腰部在服装整体中处于中间位置，其视觉位置很关键，同时，腰部在下装中也起到便于穿脱和固定下装的作用。因此，腰部在服装中是实用功能和装饰功能并存的一个关键部位，在设计时不仅要考虑服装整体的款式特点，还要满足实用功能特征。

腰部的设计可以分为腰头、腰带和位置三个部分。腰头是腰部最上面的部分，是下装设计的重点。根据与下装的连接方式，腰头可以分为装腰、连腰和无腰。装腰是腰头和下装分开，通过缝合连接在一起的结构；连腰是腰头和下装通过收省或者收褶等方法与下装呈一片式连接的结构；无腰一般是直接省略腰头的部分。腰头根据宽度的变化有宽腰、窄腰的区别。除此之外，腰头设计根据位置的不同有高腰、中腰和低腰的区别。在设计腰头时，首先要考虑合体，满足穿脱方便的需求，同时要兼顾时尚和流行，与服装整体风格保持一致。（如图3-89至图3-91）

图3-89　特别装饰的腰部设计
图3-90　别具特色的腰部设计
图3-91　高腰设计

第三节　服装造型设计方法

服装造型设计是指对服装外部廓形和内部结构的整体设计，通过一定的设计思维，运用形式美的法则，将服装的款式、材料、色彩、工艺、纹样等设计要素进行合理的组合搭配，从而创作出具有明显风格特征的服装。服装的造型方法和服装设计的灵感来源密不可分，通常是从某一事物获取灵感，进而收集与之相关的材料，分析、概括、归纳、提取可利用的设计元素，利用合适的造型设计方法将设计元素重新组合、排列、建构，完成整体的服装设计。

一、仿生法

仿生法是对自然形态进行模仿、概括、提取、重新组织再现应用到设计中的方法。仿生法具有模仿的特点，此处的模仿不是简单地将自然形态生搬硬套到设计中，而是将某个自然形态最突出特征的部位提炼、概括出来，进行必要的造型转换处理，进而应用到设计中。

进行仿生设计时可以模仿自然形态的造型、色彩、肌理、特征，等等。虽然仿生法并不排斥将现实形态几乎一成不变地运用于某个设计，如水果形电话、动物形灯具等，但是，服装的自身特点往往限制这种做法。应当适当将简单的模仿变为巧妙的利用，否则会落入过于直观化、道具化、图解化的俗套。（如图3-92至图3-95）

服
装
设
计
基
础

图3-92　对植物的仿生设计

图3-93　对自然的仿生设计

图3-94　对鸟类的仿生设计

图3-95　模仿花朵的色彩进行的设计

二、叠加法

叠加法是指将设计元素做重叠、反复的添加，以达到某种视觉效果。叠加以后的设计元素会改变单一设计元素的原有特征，其最终效果由叠加而形成的新造型而定。叠加法的造型效果有非透叠效果和透叠效果两种。非透叠效果视觉上只能看到叠加以后的外轮廓线和最上面一层的效果。非透叠效果在厚重面料的设计中效果较为明显，厚重面料叠加，只能看到面积最大的面料造型的轮廓。而透叠效果则保留叠加所形成的内外轮廓，层次丰富。透叠法在轻盈薄透的面料设计中效果较为明显，由于面料本身的透明性使得叠加在一起的造型都能被大家看到，最外层的轮廓清晰明了，内层的轮廓若隐若现，就像雾里看花，有"犹抱琵琶半遮面"的意境，透出一种朦胧美。这也正是有些设

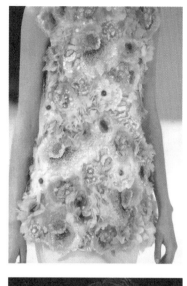

图3-96　手工制作立体花朵叠加排列给面料带来丰富的立体感
图3-97　通过反复使用相同元素形成的肌理
图3-98　面料的层叠打褶营造出的独特视觉效果
图3-99　叠加的牛仔裤呈现出超强的肌理感

计所追求的似有还无的设计效果。（如图3-96至图3-99）

三、镂空法

镂空法是指在物体基本造型上按照一定的图案纹样，用刻、挖、剪、甚至破坏等手法做镂空处理。镂空法一般只对物体的内轮廓产生作用，是一种产生虚拟平面或虚拟立体的造型方法。镂空法可以打破整体造型的沉闷感，产生晶莹剔透的视觉效果。镂空法分绝对镂空和相对镂空。绝对镂空是指把镂空部位挖空，不再做其他处理，也叫单纯镂空；相对镂空是指把镂空部位镂空后再镶入其他东西。在服装设计中应用镂空法时，要选择合适的材料，还要注意镂空完的材料边缘的毛边处理，使之不影响服装整体的美感。（如图3-100至图3-103）

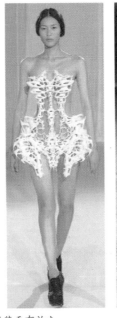

图3-100　背部镂空处理让服装更有韵味
图3-101　3D打印服装镂空的元素尽显未来感
图3-102　整体有秩序的镂空设计
图3-103　有规律的局部镂空并镶嵌装饰物

四、肌理法

　　肌理是物体的表面特征、纹理及质地。肌理法是通过对物体表面的纹理特征进行改变，从而产生新的质感肌理特征的方法。肌理法通常用添加、变形、印染、粘贴、破坏等方法，创造出材料表面具有一定凹凸起伏效果。服装设计中的肌理效果，主要是通过对服装面料的二次创造获得的，多采用辑缝、抽褶、雕绣、镂空、植加、重叠、堆积其他材料装饰等对面料进行再创造来表现，营造出除面料本身的肌理以外的更丰富的肌理效果。服装肌理表现形式多种多样，表现风格各具特色，运用好肌理效果，可增加服装的审美意蕴。国内外许多服装设计大师的设计作品都以面料的肌理效果作为设计特色。（如图3-104至图3-107）

图3-104　纱质材料重叠的肌理

图3-105 具有雕塑感、立体感和金属感的肌理
图3-106 夸张的袖型结合折纸元素的肌理
图3-107 特殊材料的肌理

五、系扎法

系扎法是指在服装的特定部位，用线状或绳状材料对面料的打结、捆绑、抽绳、缠绕等，从而改变服装原来造型的设计方法。这种方法简单、易操作，可改变服装的平面感、单调感。通过系扎法，营造出特殊的肌理效果，最终效果会因面料、材质的不同而呈现不同的质感和视觉感受。如厚重的面料系扎出来沉稳、厚实的重量感；而轻盈飘逸的面料系扎出柔和、垂坠的浪漫感。系扎位置的选择也比较随意多变，设计时，应根据设计的需要选择合适的位置进行系扎。系扎材料一般为线状或条状，如丝线、缎带花边、皮革等，任何与服装整体相协调的材料都可以用来作为系扎材料。系扎的方法可以选择正面系扎效果，其特点是系扎点突出，立体感强，适用于前卫服装；反面系扎效果，其特点是系扎点隐蔽，含蓄优美，适用于实用服装；隐藏系扎效果，系扎的材料隐藏在服装内部，外表看不出系扎材料，只显示营造出的系扎效果。系扎的方法并不是固定的、一成不变的，要根据

图3-108　细腰带的系扎捆绑设计体现服装硬朗的气质
图3-109　通过服装抽绳系扎的方法营造出整体服装的细节
图3-110　裙摆的蝴蝶结系扎让服装廓形更富有内涵（Dior）

具体服装的款式和创意在服装中选择合适的位置、合适的材料设计系扎造型。（如图3-108至图3-110）

六、支撑法

支撑法是指在服装内部用硬质材料支撑或软质材料垫撑，以达到某种特殊服装造型效果的方法。进行服装设计时，很多强调大廓形的服装或挺括硬造型的部位往往通过支撑或垫撑法来达到目的。常见的，如婚纱礼服或男士西服的翘肩造型等，小到一个垫肩，大到一个裙撑，都可以作为营造服装造型的支撑物。当一件普通造型的服装经过一定的垫撑处理以后，可以完全改变其面貌，变得更加有造型感、有趣味性。相对来说，支撑法更适用于前卫服装的设计，尤其适合大体积的道具性服装和舞台服装。进行设计时要注意支撑物的形状和材料的选择，避免产生生硬、呆板的效果。撑垫材料应当尽可能选择质料轻、弹性好的材料。（如图3-111至图3-113）

图3-111　经过硬衬的支撑让裙摆更加有型
图3-112　裙摆需要硬质材料的支撑才能达到如此效果
图3-113　裙撑的使用营造特殊的服装廓形

　　一件服装，要想获得最终的理想效果，并不仅限于用一种造型方法，应该是各种设计元素和造型方法融会贯通、相互穿插，是多种设计造型方法相互补充、各展所长，从而使设计者可以各取所需，综合利用。

思考与练习

1. 查阅中外服装史资料，总结历史上主要的服装廓形变迁及流行特点。

2. 熟练掌握各种廓形的特点，进行不同廓形的服装设计练习。

3. 熟练掌握服装部件的设计原则，进行服装部件设计练习。

4. 熟练掌握服装设计造型方法，并利用不同造型方法进行服装设计练习。

第四章

服装色彩设计

在服装设计的面料、色彩、款式三要素中，首先映入人们眼帘的就是服装的色彩。色彩常以不同方式的组合搭配影响着人们的感观，同时也是体现着装者个性的重要手段。所以在服装设计中，色彩的合理运用和搭配对服装最终呈现的效果是非常重要的。服装色彩设计，就是服装设计师根据穿着对象的特征所进行的综合考虑与搭配设计，包括对组成服装色彩的形状、面积、位置的确定，以及对这三者之间相互关系的处理。

第一节　色彩的基础知识

一、色彩的分类

丰富多样的色彩可以分成两个大类：无彩色系和有彩色系。

无彩色系是指白色、黑色，以及由白色和黑色调和形成的深浅不同的各种灰色。无彩色系的色彩无色相属性，无纯度属性，只有明度属性。白色明度最高，黑色明度最低。

有彩色系是指色相环上的所有色彩，以红、橙、黄、绿、蓝、紫为基本色，并具有色相、明度和纯度三个属性。有彩色系和无彩色系以不同比例混合，调配出来的色彩也属于有彩色系。

二、色彩的三属性

色彩有色相、明度、纯度三大属性。这三个属性是理解服装色彩与搭配各种原理的必要的、基本的工具。

色相指色彩的相貌，是区别色彩种类的名称，是指不同波长的光给人的不同的色彩感受。色相涉及的是色彩"质"的方面的特征。红、橙、黄、绿、蓝、紫等，每个颜色分别代表一类具体的色相，它们之间的差别属于色相差别。在应用色彩理论中，通常用色环来表示色彩系列。处于可见光谱两个极端的红色与紫色在色环上联结起来，使色相系列呈循环的秩序。最简单的色环由光谱上的6个色相环绕而成。如果在这6色相之间增加一个过渡色相，这样就在红与橙之间增加了红橙色，红与紫之间增加了紫红色，依次类推，还可以增加黄橙、黄绿、蓝绿、蓝紫等各色，构成了12色环。12色相是很容易分清的色相。如果在12色相间再增加一个过渡色相，如在黄绿与黄之间增加一个绿味黄，在黄绿与绿之间增加一个黄味绿，依此类推，就会组成一个24色的色相环，24色相环更加微妙柔和。（如图4-1、图4-2）

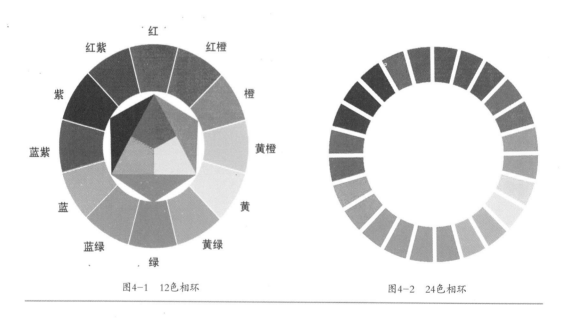

图4-1　12色相环　　　　　　　　　　　　图4-2　24色相环

明度指色彩的明暗程度，任何色彩都有自己的明暗特征。色彩明度的形成主要有两种情况，一是，同一色相因加上不同比例的黑、白、灰而产生不同的明度变化；二是指各色相自身的明度，如黄色亮、紫色暗等。在无彩色系中，明度最高的是白色，明度最低的是黑色，在白、黑之间存在着一系列的灰色，靠近白色的部分称为明灰

色，靠近黑色的部分称为暗灰色。在有彩色系中，最明亮的是黄色，最暗的是紫色。（如图4-3）

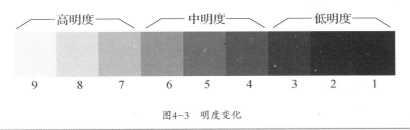

图4-3　明度变化

纯度又称鲜艳度、饱和度、彩度、含灰度等，是指色彩的鲜浊程度和含色量的程度。不同的色相不仅明度不同，纯度也不相同。红色是纯度最高的色相，蓝绿是纯度最低的色相；任何一个纯色都是饱和度最高的颜色，但当在纯色中混入了其他颜色或改变它的明暗程度后，它的纯度都会降低。（如图4-4）

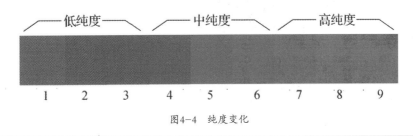

图4-4　纯度变化

第二节　服装色彩的情感

色彩只是一种物理现象，色彩本身并无所谓情感，人之所以能感受它们的情感，是因为人们长期生活在一个色彩的世界中，积累着许多视觉经验，一旦视觉经验与外来的色彩刺激发生一定的呼应时，人就会产生色彩联想，并在心理上引发某种情绪和情感。在进行服装设计时根据着装者的心理去选择与设计色彩，是很有必要的。

一、色彩的性格

每一种色彩以自己独特的性格展示在人们面前，发挥着各自的作用。熟悉并掌握每一种色彩的性格特征，合理而正确地运用色彩，是服装设计师必不可少的基本素质。

1. 红色

红色是火的颜色，表示热情奔放。同时红色也是我国民间传统的喜庆、欢乐的色

图4-5 红色系服装

彩，是人们在表现节日、庆典、胜利时常用的颜色。由于血是红色的，因此红色又代表了革命。另外，红色又象征着危险，如交通信号灯中的红灯和消防车的颜色等。

不同纯度、明度的红色在服装色彩设计中具有不同的心理感觉，如深红色让人感觉稳重、高贵、大方；而粉红色则会显得温柔、可爱、浪漫，是年轻女性十分喜爱的一种颜色。（如图4-5）

2.橙色

橙色又称橘黄或橘色，是红色和黄色的过渡色，是色彩中最温暖和明亮的颜色。橙色能使人联想到丰硕的果实，象征着成熟、富贵、成就、辉煌等。高纯度的橙色会给人以光明、华丽、快乐、热烈的感觉。由于橙色较为引人注目的特征，它是警戒的指定色，常被用在建筑安全帽、救生衣、登山服装、清洁服装等区域。（如图4-6）

图4-6 橙色系服装

3. 黄色

黄色是亮度最高的颜色，使人感到明快、灿烂、辉煌，有着太阳般的光辉，象征着照亮黑暗的光芒。黄色还象征着高贵、神圣、权威，为中国封建帝王的专用色。除此之外，黄色还象征着丰收，意味着光明和希望。（如图4-7）

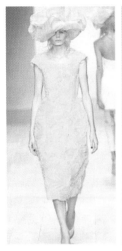

图4-7 黄色系服装

4. 绿色

绿色是大自然的色彩，是和平、生命、青春、希望、活力的象征。嫩绿、草绿象征着初生、春天、希望；中绿、翠绿代表盛夏、兴旺；深绿则显得稳重、平和；蓝绿给人平静、冷淡的感觉；青苔色和橄榄绿则显得深沉、成熟。在生活中，由于绿色能让人联想到安全、和平，因而作为安全信号和邮政通讯的代表色。由于绿色能与自然融为一体，因此，我国的国防色和保护色也选用绿色。（如图4-8）

图4-8 绿色系服装

5.蓝色

蓝色是色彩中最冷的颜色，它的冷静和忧郁与橙色的积极、热烈形成鲜明的对比。蓝色让人联想到浩瀚的海洋、深邃的宇宙、高远的天空，蕴含着理智、博大、永恒、朴素、冷酷、深远、伤感、寂静等象征意义。同时人们还把蓝色当成科技的象征色，因为它给人以冷静、沉思、智慧的感觉。（如图4-9）

图4-9　蓝色系服装

6.紫色

紫色具有神秘、高贵、优美、庄重、奢华的气质。在中国传统用色中，紫色被用为王公贵族的服色，代表权利与高贵。在古希腊，紫色被奉为神圣之色，被作为国王服装的色彩。（如图4-10）

图4-10　紫色系服装

7. 黑色

黑色象征黑暗、恐怖、深渊，同时也象征着庄重、神秘、成熟、耿直。西方人把黑色视为丧色，认为黑色是死亡的象征。黑色可以与其他任何色彩进行搭配，具有极好的衬托作用。在服装的用色中，黑色与白色搭配能产生强烈的视觉冲击效果，因而被广泛运用。（如图4-11）

图4-11　黑色服装

8. 白色

白色象征着纯洁、神圣、光明、洁净、正直、空虚、飘渺等。白色也是哀悼之色，在我国被作为传统葬礼的用色，代表死亡、恐惧、悲哀。但白色在佛教中寓示吉祥、尊崇，是至高无上的色彩。在西方婚礼中，新人多穿着白色的婚纱和礼服，因为他们认为这种颜色代表着爱情的神圣、坚贞和纯洁。由于白色和任何有彩色系的颜色混合或并置都非常协调，因而也是服装的常用色彩。（如图4-12、图4-13）

图4-12　白色服装　　　　　　　　　图4-13　白色和蓝色的搭配

9.灰色

灰色介于黑色和白色之间，给人以谦逊、沉稳、含蓄、优雅、平凡、消极等色彩感觉。灰色能起到调和各种色相的作用，是服装设计中非常重要的配色元素。灰色可产生深灰、浅灰和中性灰等不同的色彩层次，深灰色沉稳、厚重，浅灰色明快、高雅，中性灰色则朴素、雅致。（如图4-14）

图4-14　灰色系服装

二、色彩的心理暗示

色彩的直接心理效应来自色彩的物理光刺激对人的生理发

生的直接影响。色彩不同，其光波作用于人的视网膜，使人产生的感受也不同。人们面对不同的颜色会产生诸如冷暖感、轻重感、软硬感等不同的心理感受。

1. 色彩的冷暖感

不同的色彩会给人以不同的冷暖感。色相环中的红、橙、黄等色彩常能让人联想到太阳、火焰，而使人产生温暖感，通常被称为暖色。绿、蓝、紫等色彩使人联想到大海、蓝天，产生寒冷、凉爽的感觉，而被称为冷色。一般而言，最暖的色彩是橙色，最冷的色彩是蓝色。在服装用色上，冬季服装常用暖色，夏季服装则常用冷色，就是根据人的心理需求来考虑的。（如图4-15、图4-16）

图4-15 红色给人温暖的感觉
图4-16 蓝色给人清冷感

2. 色彩的膨胀与收缩感

一般来说，暖色、明度高的色彩使面积显得大一些，具有膨胀感；冷色、明度低的色彩使面积显得小一些，具有收缩感。黑色为收缩色，白色为膨胀色。在服装色彩搭配时，身材较瘦的人可选择高明度的色彩，以修饰身材，

让身材有丰满之感；体态偏胖的人可选择低明度的色彩，以达到体积收缩的视觉效果。（如图4-17、图4-18）

图4-17　白色具有膨胀感
图4-18　黑色具有收缩感

3. 色彩的轻重感

色彩的轻重感主要取决于明度，明亮的色彩使人感觉轻便，如白、黄等高明度色；而深暗的色彩使人感觉沉重，如黑、藏蓝、褐色等低明度色。色彩的轻重感还受到纯度的影响，在色相和明度相同时，纯度高的色彩给人感觉轻，纯度低的色彩给人感觉重。此外，暖色也给人轻便的感觉，冷色则给人沉重的感觉。（如图4-19、图4-20）

图4-19　明度高的亮色感觉轻便
图4-20　明度低的暗色感觉沉重

4.色彩的华丽与质朴感

明度高、纯度高的色彩具有华丽感；而明度低、纯度低的色彩具有质朴感。红橙色系容易有华丽、张扬感，蓝色系给人的感觉往往是文雅、朴素、沉着。但通常纯度高的钻蓝、湖蓝、宝石蓝同样有华丽的感觉。以调性来说，大部分活泼、强烈、明亮的色调给人以华丽感；而暗色调、灰色调、土色调给人以质朴感。（如图4-21至图4-24）

图4-21 明亮的黄色给人华丽感
图4-22 纯度高的宝石蓝给人华丽感

图4-23 纯度低的蓝灰色给人质朴感
图4-24 纯度低的灰色给人质朴感

5.色彩的兴奋与沉静感

不同的色彩会使人产生不同的情绪反射，例如兴奋或安静。暖色系的红、橙、黄给人以兴奋感，冷色系的蓝、绿给人以沉静感。明度、纯度较高的色彩能引起人的兴奋感，明度、纯度低的色彩则能给人以沉静感。在色相环中，红色为最兴奋的颜色，蓝色为安静色；黑色的兴奋感低于白色。（如图4-25、图4-26）

图4-25 高纯度色给人兴奋感
图4-26 低纯度的灰色给人沉静感

第三节　服装色彩搭配基础

　　服装色彩搭配是服装设计的一个重要环节。配色是将两种以上的色彩组合在一起，产生新的视觉效果。服装的色彩设计与色彩搭配既要服从于服装所要表现的整体风格，又要体现出其独特的美。

一、以色相为主的色彩搭配

1. 同一色相搭配

　　同一色相配色，是指在同一个色相之间通过不同的明度、纯度变化来处理服饰色彩之间的关系，给人以统一、安静而稳定的感觉。如果明度、纯度变化小，会显得沉闷、单调；但是如果把明度、纯度层次拉开，可使色彩产生明快、丰富之感，例如，土黄与淡黄、深蓝与淡蓝、红与深红等的搭配。（如图4-27至图4-29）

图4-27　同一色相搭配效果

图4-28　一种色彩的明度变化搭配
图4-29　一种色彩的纯度变化搭配

2. 邻近色搭配

邻近色配色是指在色相环上任意颜色的毗邻色彩（色彩之间相距15—30度范围内）的搭配，如红与红橙、蓝与蓝绿、橙与红橙、黄与黄绿等，是一种色相差很小的配色。配色效果稳定，色调易于统一、协调，但容易造成模糊、单调、缺少变化的感觉，只有提高或降低其中一色的明度或纯度，才能取得更好的配色效果。（如图4-30至图4-33）

图4-30 红色与红橙色搭配
图4-31 蓝色与蓝绿色搭配
图4-32 红色与紫红色搭配
图4-33 橙色与红橙色搭配

3. 类似色搭配

类似色搭配是指在24色相环上相隔两个或三个色相（色彩之间相距30—60度）构成的配色，如蓝与绿、橙与红、红与紫等。相对于邻近色搭配，类似色搭配具有一定的距离感，容易形成和谐、柔和的视觉效果，同时也给人以一定的视觉变化感。（如图4-34至图4-37）

图4-34 蓝色与绿色搭配

图4-35　橙色与红色搭配
图4-36　红色与紫色搭配
图4-37　蓝色与紫色搭配

4. 中差色搭配

中差色是指与其色相隔4—7个色相的颜色的搭配，在色相环上一般是90度左右的配置，如紫色与蓝绿色、橙色与紫红色、橙色与黄绿色的搭配等。中差色对比既不强烈也不太弱，是对比适中的色彩搭配。（如图4-38至图4-40）

图4-38　橙色与紫红色搭配　　　　图4-39　紫色与橙色搭配　　　　图4-40　黄绿色与橙色搭配

5.对比色搭配

对比色搭配是指在色相环上120—180度范围内的配色，色彩相距较远，色相对比强烈，如红色与蓝色、蓝色与黄色、绿色与橙色的搭配等。对比色搭配具有醒目、饱满、动感等视觉效果，易使人兴奋、激动。具体设计时，可以适当改变对比色相的面积、纯度与明度，可以减弱对比度，使配色更为协调。（如图4-41至图4-44）

图4-41　红色与蓝色搭配
图4-42　蓝色与黄色搭配
图4-43　绿色与橙色搭配，视觉效果绚丽醒目
图4-44　降低对比色的纯度，减弱对比度

6.互补色搭配

互补色搭配是指色相环中位于180度直径两端相对两色的配色，最典型的互补色有红色与绿色的搭配、黄色与紫色的搭配、蓝色与橙色的搭配等。互补色对比是色相对比中最强烈的色彩搭配，能给人以强烈的视觉冲击力和热烈感。互补色配色是最不协调的关系，具体设计时要处理得当，才能产生相对协调的效果。让强对比互补色搭配协调的主要方法有以下几种。

（1）在互补色配色时，同等面积互补色色相搭配会产生很强的对比关系，把对比一方面积缩小就会显得协调。（如图4-45、图4-46）

图4-45　小面积蓝色与大面积橙色搭配可以减弱对比
图4-46　小面积黄色与大面积紫色搭配可以减弱对比

（2）在互补色配色时，可以搭配黑、白、灰、金、银等其他色彩减弱对比，起到协调作用。（如图4-47至图4-49）

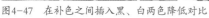

图4-47　在补色之间插入黑、白两色降低对比

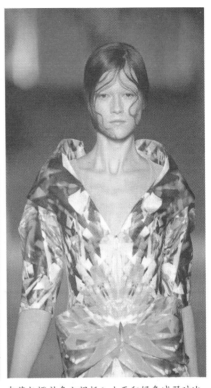

图4-48　在蓝与橙补色之间插入小面积绿色减弱对比
图4-49　在红与绿补色之间插入黄色、黑色减弱对比

（3）在互补色配色时，把互补色在明度和纯度上进行变化，也可以减弱对比，使其协调。（如图4-50、图4-51）

图4-50　提高绿色和红色的明度可以减弱对比
图4-51　降低橙色和蓝色的纯度可以减弱对比

二、以明度为主的色彩搭配

以明度为主的色彩搭配可以分为以下几类。

1. 明度差大的色彩搭配

明度差大的色彩之间的搭配，如深暗色调与淡色调的组合、黑与白的组合等。明度差大的配色能产生一种明快、醒目、热烈之感，适用于青春活泼或设计新颖的服装中。（如图4-52、图4-53）

图4-52　深暗色调与淡色调的组合
图4-53　黑与白的组合

2. 明度差适中的色彩搭配

明度差适中的色彩搭配，效果清新、明快，与明度差大的色彩相比更显柔和、自然，给人以舒适的轻快感，主要分为以下两种形式。

（1）高明色与中明色之间的配色，色彩相对明亮，主要适用于春、夏季服装的配色。（如图4-54）

（2）中明色与暗色的配色，在庄重中呈现出生动的感觉，比较适合秋、冬季服装的配色。（如图4-55）

图4-54　高明色
与中明色之间的搭配
图4-55　中明色
与暗色的搭配

3. 明度差小的色彩搭配

明度差小的色彩搭配，效果略显模糊，视觉缓和，给人以深沉、宁静、舒适、平稳之感。主要有以下三种形式。

（1）高明色与高明色的搭配，色彩粉嫩，常用于风格浪漫的夏季服装或淑女服装。（如图4-56）

（2）中明色与中明色的搭配，色彩中性，常用于风格典雅的春、秋季服装。（如图4-57）

图4-56　高明色与
高明色的搭配

图4-57 中明色与中明色的搭配
图4-58 低明色与低明色的搭配

（3）低明色与低明色的搭配，色彩灰暗，常用于稳重的职业装和秋、冬季服装。（如图4-58）

三、以纯度为主的色彩搭配

纯度配色是指服装中鲜艳程度不同的色彩配制的一种方法，主要有以下几种。

1.纯度差大的色彩搭配

纯度差大的配色是指高纯色与低纯色（或无彩色系）的配置，如鲜艳色与黑白灰、鲜艳色与淡色、鲜艳色与中间色等的组合，这种表现方法或华丽、刺激，或朴素、沉静。在具体设计时可以灵活安排主次色及色彩面积大小，使配色达到最佳的视觉效果。（如图4-59至图4-62）

2.纯度差适中的色彩搭配

主要分为两种形式：一是，高纯色与中纯色的组合，整体纯度偏高，具有较强的华丽感，容易产生统一又有变化的感觉。（如图

图4-59 鲜艳色与黑
色搭配
图4-60 鲜艳色与灰
色搭配
图4-61 鲜艳色与灰
色搭配
图4-62 鲜艳色与淡
色搭配

4-63）二是，中纯色与低纯色的组合，整体纯度偏低，配色效果是朴素、沉静的，需要增加明度对比，扩大明度面积差距，否则会显得沉闷而又缺乏力度。（如图4-64）

图4-63　高纯色与中纯色的搭配
图4-64　中纯色与低纯色的搭配

3.纯度差小的色彩搭配

纯度差小的配色是指色彩间的纯度差较小的配色，主要有三类。一是，高纯色和高纯色的搭配，效果刺激、鲜明而强烈。（如图4-65）二是，中纯色与中纯色的搭配，效果较为温和、稳重。（如图4-66）三是，低纯色与低纯色的搭配，效果则含蓄、朴素、沉静，统一感较强。（如图4-67）

四、无彩色系的搭配

1.黑、白、灰组合

黑、白、灰等无彩色系是永远时尚的色彩，它们可以和任何颜色搭配，也是永远的流行色。服装中使用无彩色系组合

图4-65　高纯色和高纯色的搭配

图4-66　中纯色与中纯色的搭配
图4-67　低纯色与低纯色的搭配

显得比较干净、利落，同时又比较前卫、时髦。（如图4-68）黑色与白色两个极端的色彩搭配，明朗的对比既矛盾又统一，相互补充，给人简练、明确、肯定、节奏分明的感觉。（如图4-69、图4-70）黑色与灰色搭配给人典雅、端庄、清幽、略显阴沉与悲伤的情调，高贵中带有一丝威严气势，也带有些神秘的性感。黑色与灰色搭配的晚礼服、皮衣、西装等，都表现了着装者的优雅体态和高雅风度。（如图4-71）

图4-68　黑、白、灰组合搭配时尚、前卫

图4-69　大块面黑白色组合搭配明朗时尚

图4-70　黑白条纹动感较强

图4-71 黑与灰的搭
配优雅、端庄

2. 无彩色系与有彩色系搭配

无彩色系是非常容易与有彩色系协调搭配的。黑色和白色可调和任何对比色。通常情况下，高纯度色与无彩色配色，色感跳跃、鲜明，表现出活跃、灵动感；中纯度色与无彩色配色表现出的色感较柔和、轻快，突出沉静的性格；低纯度色和无彩色配色体现出沉着、文静的色感效果。（如图4-72至图4-74）

图4-72 高纯度色与
无彩色搭配

图4-73　中纯度色与无彩色搭配

图4-74　低纯度色与无彩色搭配

思考与练习：

1. 熟悉并掌握每一种色彩的性格特征，收集每一种色彩的服装图片资料。

2. 色彩的心理暗示有哪几种？服装色彩设计经常会用到哪些色彩暗示？

3. 服装色彩搭配的形式有哪些？选择不同风格的服装，分析其配色形式。

4. 运用色相搭配的几种不同形式进行色彩作业练习。

第五章
服装材料设计

　　服装材料是构成服装的重要因素之一，是服装设计的载体。一件完美的服装设计作品不但要有新颖的款式造型、精美的色彩图案，还必须选择合适的服装材料。材料的选择和使用，决定了服装设计作品造型的效果，同时，不同材料的视感、触感、质感、量感、肌理等性能也为设计师带来设计灵感。随着现代科学技术的飞速发展以及人们生活和审美水平的不断提高，服装材料也不断推陈出新，以满足人们求新求变的心理诉求。服装材料的创新再设计既可以改善服装的实用性能，给人们以新颖、别致的视觉享受，也可以丰富和拓展设计师的思路和表现手法，并因此成为服装设计的重要发展趋势。

第一节　服装材料的种类

一、按照材料的用途分

　　按照材料在服装中的使用用途，可以将服装材料分为服装面料和服装辅料两大类。

　　服装面料，通常指的是用于服装最外层的材料，又称为主料，包括各类纺织品面料以及裘皮、皮革等。

　　服装辅料，除了服装面料外的所有其他服装材料都称为服装辅料，包括里料、衬料、垫料、絮填料、缝纫线、花边、扣紧材料、成分标签及使用说明等。

二、按照材料的属性分

按照服装材料的属性可以分为纺织材料、皮革材料和其他材料，具体分类如表5-1所示。

表5-1　服装材料的种类

服装材料	纺织材料	纤维材料	布　类	机织物、针织物、花边、网眼织物
			线带类	织带、编织带、捻合绳带、缝纫线、编制线、其他线
		集合材料		毛毡、絮棉、非织造织物（无纺布）、纸
	皮革材料	皮革类		兽皮、鱼皮、爬虫类
		毛皮类		裘皮类
		皮膜类		粘胶薄膜、合成树脂薄膜、塑料薄膜、动物皮膜
	其他材料	泡沫材料		泡沫薄片、薄膜衬垫
		金属材料		钢、铁、铝等
		特殊材料		木质、贝壳、石材、橡胶、骨质等

三、按照服装材料的纤维来源分

在服装中，运用最多的是纺织纤维材料。根据纤维原料的来源，可以将服装用纤维分为天然纤维和化学纤维两大类，具体如表5-2所示。

表5-2　服装用纤维的种类

服装用纤维	天然纤维	植物纤维	种子纤维	棉花、木棉
			韧皮纤维	亚麻、苎麻、大麻、罗布麻
		动物纤维	毛纤维	绵羊毛、山羊绒、马海毛、兔毛、骆驼毛、牦牛毛、羊驼毛、马毛
			丝纤维	桑蚕丝、柞蚕丝
		矿物纤维	石棉	
	化学纤维	人造纤维		粘胶纤维、醋酯纤维、富强纤维、铜氨纤维
		合成纤维		涤纶、锦纶、腈纶、氨纶、氯纶、芳纶

天然纤维是来源于自然界天然物质的纤维，包括植物纤维、动物纤维和矿物纤维，如棉、毛、丝、麻等。

化学纤维是指用人工方法制造而成的纤维，根据原料和加工方法可以进一步细分为人造纤维和合成纤维两大类，如人造棉、涤纶、锦纶等。

第二节　服装材料的性能及其应用

一、纺织材料

1. 棉织物

棉织物具有良好的吸湿性、透气性，手感柔软，光泽柔和，染色性能好，抗皱性差。棉类纺织品是服装设计师最常用的面料，无论对于不同季节或是不同种类的服装均是最理想的衣料。常见的棉织物有平布、府绸、帆布、卡其、泡泡纱、牛仔布和灯芯绒等。（如图5-1至图5-3）

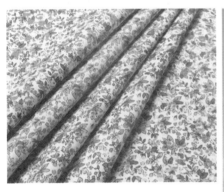

图5-1　印花棉布
图5-2　清新质朴的单色布衣
图5-3　时尚的棉布碎花裙

2. 麻织物

麻有亚麻、苎麻、黄麻等。与棉织物相比，麻织物手感粗糙，易起皱，染色性能差，但更吸湿透气，缩水率较高，多适用于夏季衣料，穿着凉爽舒适。常见的麻织物有夏布、亚麻细布和亚麻帆布等。（如图5-4、图5-5）

3. 丝绸织物

丝绸织物具有高贵华丽、浪漫唯美的感觉。从薄如轻烟的透纱，到色彩浓重的锦缎，丝绸材料品种繁多，

图5-4　麻织物
图5-5　柔和淡雅的麻衣

包括：绫类丝绸（如素绫、广绫）、罗类丝绸（如杭罗）、绸类
丝绸（如斜纹绸）、缎类丝绸（如古香缎、织锦缎）、绉类丝绸
（如双绉）、绢类丝绸（如天香绢）、绒类丝绸（如乔其立绒、
金丝绒）等。丝绸面料常用作高级女装的服装材料，在设计应用
过程中尽可能体现丝绸原始的材质美，譬如光感、流动感、飘逸
的风格等，可采用打褶、堆积、重叠、展开等手法，形成不同的
块面和形状，表现其华丽感。（如图5-6至图5-9）

图5-6　丝绸面料
图5-7　华丽的丝绸礼服
图5-8　龙纹提花织锦缎

4. 雪纺

雪纺的学名叫"乔其纱"，又称"乔其绉"，名称源自法语"Chiffe"，意为"轻薄透明的织物"，是以强捻绉经、绉纬织制的一种丝织物。根据纱线原料的不同，可分为真丝乔其纱、人造丝乔其纱、涤丝乔其纱和交织乔其纱等几种。乔其纱质地轻薄透明，手感柔爽富有弹性，外观清淡雅洁，具有良好的透气性和悬垂性，易于表现灵动、飘逸、雅洁的风格，故广泛应用于连衣裙、高级晚礼服、头巾的设计中。（如图5-10至图5-12）

5. 蕾丝

蕾丝是英文"Lace"的音译，指的是呈现各种花纹图案作装饰用的网状薄型带织物，镂空具有通透性，主要用于女士裙装、内衣，以及窗

图5-9 轻盈优雅的真丝雪纺礼服裙（Elie Saab）

图5-10 绿色雪纺褶皱吊带裙（Chloe）
图5-11 雪纺透视裙（Burberry）
图5-12 飘逸的红色雪纺礼服裙

帘、桌布、床罩等室内纺织品上，起到装饰的作用。根据加工工艺的不同，一般可以分为机织、针织、编织和刺绣等。蕾丝具有精雕细琢的奢华感和浪漫气息。（如图5-13至图5-17）

图5-13　浪漫柔美的捆绑蕾丝衬衫（Givenchy）
图5-14　蕾丝风衣（Burberry Prorsum）
图5-15　绿色蕾丝礼服裙

图5-16　黑色蕾丝裙（Givenchy）
图5-17　优雅高贵的蕾丝礼服裙

6. 毛呢织物

毛呢织物是以毛纤维为原料或以毛纤维与其他化学纤维混纺或交织而成的织物。毛呢织物根据加工工艺的不同，分为精纺毛呢和粗纺毛呢。精纺毛呢织纹清晰，色彩鲜明柔和，质地紧密，手感柔软、挺括而有弹性，常用织物有华达呢、哔叽、花呢、马裤呢等。粗纺毛呢质地厚实，手感丰满、结实，不易变形，保暖性好，常用织物有麦尔登、大衣呢、粗花呢等。毛呢材料的装饰手法非常丰富，既可以与轻盈的蕾丝、丝带结合，又可以用于皮革与皮草的镶边、缀饰等。（如图5-18至图5-22）

图5-18 粗纺花呢
图5-19 珠片缀饰的灰色呢子大衣
（Michael Kors）
图5-20 粗花呢套装（Chanel）

图5-21 花草图案刺绣和亮片缀饰
的浅灰色呢子大衣（Michael Kors）
图5-22 挺括的卡其色呢子大衣
（Celine）

7.针编织面料

针编织面料是以线圈为基础，依靠线圈的相互串套而形成的针织物。特殊的线圈结构决定了针编织面料的服装手感松软，富有弹性，贴身、吸湿、透气性良好，既能展现优美的人体曲线，又不会妨碍人体的活动，广泛用于内衣、运动服、健美服、休闲服等设计中。针编织面料在应用时，廓形宜采用流畅的线条和简洁的造型以突出针编织服装轻松、自然、合体的风格。同时可采用不同粗细的纱线、不同的针法组合，或用镶、嵌、贴、滚等装饰工艺手段，或用各种几何条纹图形的面料的拼接搭配，或用大色块的分割和小色块的对比，在简练中求变化，既体现针编织面料的质感特性，又能避免因造型简单而导致单调乏味之感。（如图5-23至图5-26）

图5-23 白色针编织镂空套裙（Dior）
图5-24 白色钩花工艺编织上衣

图5-25 底摆采用花型针织法的高领毛线裙
图5-26 细羊绒针编织套裙

二、皮革与皮草

1. 皮革

皮革是经过加工处理的光面或绒面皮板，皮革面料主要包括天然皮革和人造皮革。羊皮革、牛皮革、猪皮革、蛇皮革、鹿皮革等都属于天然皮革，其共同的特点是柔软舒适，富有弹性，保暖、透气、吸湿而不透风，结实耐用，防油抗污，易于护理。天然皮革服装能给人庄重、潇洒、华贵之感。人造皮革是聚氯乙烯、锦纶、聚氨基树脂等复合材料涂敷在棉质、麻质等底布上而形成的类似皮革的材料，主要用于制作夹克衫、大衣、风衣以及帽子、手套等。与传统的风格相比，现代的皮革整理技术越来越多样，且更具有时尚感。在皮革上进行的植绒、雕花、压花、压褶等机械技术，使传统的光面皮革呈现了多样的肌理形态和色彩组合。（如图5-27至图5-29）

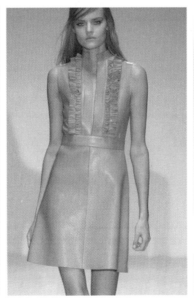

图5-27　动感十足的流苏皮革连衣裙（Alexandre Vauthier）
图5-28　蓝色皮革连衣裙（Chanel）
图5-29　性感时尚的漆皮套装（Alexandre Vauthier）

2. 皮草

皮草，亦称裘皮，是经过鞣制后的动物皮毛。与普通纺织材料相比，皮草厚实、松软，体积感强，保暖性好，是防寒的理想面料。同时，皮草具有动物毛皮自然的花纹和特殊的肌理，表层富有自然柔和的光泽，可以通过镶、拼、补、挖等工艺，形成各种令人炫目的花色。皮草在服装中的应用大致可分为全皮草的设计和皮草饰边的设计。皮草饰边的设计是应用不同大小、面积的皮草与丝绸、雪纺、羊绒、牛仔、针织等面料搭配，形成各种特殊的视觉效果，具有强烈的时尚感和现代气息。（如图5-30至图5-32）

图5-30　粉色的皮草大衣（Chanel）
图5-31　皮草背心（Jason Wu）
图5-32　奢华的皮草黑白饰边（Fendi）

三、特殊材料

特殊材料是有别于常规的纺织材料、皮革、皮草的其他服装用材料，如羽毛、竹片、石材、贝壳、金属、塑料等。特殊材料所特有的外观和实用性拓展了服装设计师的思路，丰富了服装设计创意的表现手法。

1. 金属材料

常见的金属材料有金、银、铜、铁等，具有质地坚硬、不透明、富有延展性和光泽性等特征。在现代设计理念的驱使下，金属材料被广泛运用在服装设计中，有作为点缀的配饰，也有密度极细的网状材料制作的服装。通过新型的加工工艺和装饰手法，使金属材料服装具有崭新的形象、鲜明的性格，焕发出时代精神，给人以强烈、新颖的视觉享受，满足了人们在当前多元化社会下对个性的追求。（如图5-33至图5-37）

图5-33　坚硬的金属片裙
图5-34　颈部与胸部的金属配饰（Holly Fulton）

图5-35　银色金属珠片裙（Chanel）
图5-36　夸张的金属时装
图5-37　金属扣环制造了镂空效果（Chloe）

2. 塑料材料

塑料是日常生活中非常常见的材料，具有质量轻、强度大、韧性好、透明度高、可塑性强等性能特点。受现代设计理念的影响，塑料制品越来越多地出现在时装设计中。塑料所具有的良好可塑性，使其可以很好地表现夸张的造型，形成强烈的视觉冲击力，十分适于塑造未来主义、太空风貌等前卫的风格，从而备受服装设计师的青睐。（如图5-38、图5-39）

图5-38 透明塑料上衣（Holly Fulton）
图5-39 缀满蓝色玫瑰花的粉色塑料裙（Holly Fulton）

3. 羽毛材料

鸟禽的羽毛色彩斑斓，种类繁多，取材方便，常用于服装和服饰的装饰，体现出华丽、高贵、自然、野性之美。选择羽毛作为服饰材料时，可以进行染色加工，也可直接使用天然华丽的羽毛。常用的有鸵鸟毛、孔雀毛、鹦鹉毛、雉鸡毛、锦鸡毛等鸟禽羽毛。（如图5-40至图5-43）

4. 植物材料

自然界中的麻、棕榈树皮、草、竹、木材等植物材料常被设计

图5-40 羽毛元素的礼服（Givenchy）
图5-41 夸张的羽毛头饰（Philip Treacy）
图5-42 羽毛礼服裙（Dior）

图5-43 高贵的鸵鸟毛曳地长裙（Dior）

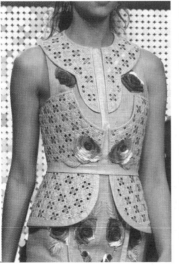

图5-44 藤编的服装（Holly Fulton）

师运用在创意服装的设计中，给人以纯朴、自然的美感。（如图5-44至图5-46）

5.珠片材料

珠子、珠管、宝石、亮片、铆钉等材料，富有不同的光泽，大部分是作为装饰品来点缀服装，给人以富贵、华丽的装饰效果，是晚礼服、创意服装的重要材质。（如图5-47至图5-50）

图5-45　夸张的草帽造型
（Viktor&Rolf）
图5-46　细麻绳编结演绎
性感捆绑（Almain）

图5-47　水晶缀饰礼服裙
图5-48　遮阳帽与拉链运动夹克套裙上
镶满了各种宝石（Marni）

图5-49　金色铆钉装饰连衣裙
图5-50　闪亮的珠片裙

第三节　服装材料的再设计

一、服装材料再设计的目的

随着社会经济和现代科技的迅速发展，人们的物质生活水平获得了极大的提高，纯粹的款式变化已不能满足人们的要求，而服装设计中面料的再设计为服装的创新注入了新的生命力。服装材料的再设计又称材料的创意设计、面料再造、面料二次设计，就是对现有的面料进行二次设计加工，即在了解面料特性的基础上，运用新的设计思路和工艺将原有面料装饰、重组、再造来改变面料外观的形态、质感和肌理，从而提高面料的视觉冲击力和艺术感染力。

对服装面料进行二次设计，可以使服装设计师在设计服装时摆脱原材料的束缚，设计师可以从新的角度去构思和塑造服装，从而使服装的形式多样化，以此来满足人们对服装艺术的要求。可以这样说，在这个追求服装多元化的时代，材料对服装的发展具有不可估量的作用。

二、材料再设计的表现手法

服装材料再设计的表现手法多样，主要有刺绣、褶皱、堆积、填充、贴花、纫缝、编织、拼接、叠加等。通过对服装材料进行重新塑造、加工，改变其原有的外观，创造出全新的形式，增加服装设计的层次感、立体感，强化其视觉效果，丰富服装的细节，使设计迎合个性化的着装需求。下面将介绍添加、减损、变形、整合这四种设计手法。

（一）添加的装饰手法

（1）纫缝。在两层面料之间添加棉絮、羽绒等柔软蓬松的填充材料，然后按照一定的线迹在表布上压缉明线，或者先压缉明线后再进行填充，从而使服装面料表面具有浮雕图案效果。（如图5-51、图5-52）

（2）线绣。是指在面料上按针法用不同颜色的线绣出所需的图案或文字，可根据服装风格要求选用丝线、纱线、毛线等不同线型材质，线绣的针法有三百多种。（如图5-53至图5-56）

图5-51　皮革面料绗缝
图5-52　羽绒填充绗缝

图5-53　毛线绣(学生作品)

图5-54　大量繁复金线刺绣（Alberta Ferretti）

图5-55　花鸟图案的刺绣（Nicole Miller）

图5-56　经典的黑色配以红色的花草刺绣（Tony Ward）

（3）珠片绣。是以各种珠子、珠管、人造宝石、亮片、纽扣等材料，钉缝在基础面料上，以产生华贵和富丽的装饰效果。（如图5-57至图5-61）

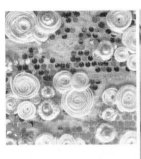

图5-57　珠片绣(学生作品）
图5-58　高贵典雅的珠片礼服裙
图5-59　绿色宝石缀饰雪纺礼服裙

图5-60　缀满珍珠、宝石的华丽晚礼服
图5-61　珠片礼服裙（Elie Saab）

（4）贴布绣。也叫贴花，是将各种形状、色彩、质地、纹样的布料剪成图案绣缝在基础面料上的绣花形式，也可在贴布间加入填充物，使图案富有立体感。（如图5-62至图5-66）

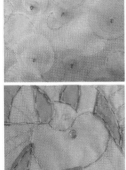

图5-62　贴布绣（学生作品）　　　　　图5-63　牛仔裤上造型各异的贴布绣

图5-64　牛仔衣后背的贴布绣
图5-65　黑色贴布绣套装（Yohji Yamamoto）
图5-66　贴布绣裙装（DOLCE & GABBANA）

（5）绳绣。是将装饰绳按一定的图形用针线或缝纫机缉线固定在面料表面的一种装饰手法。(如图5-67、图5-68)

图5-67　绳绣(学生作品）
图5-68　灰色大衣上的绳绣装饰（Antonio Ortega）

（二）减损的设计手法

（1）剪切。是指在面料上沿着一定的线迹进行剪切的艺术处理的技法。（如图5-69至图5-72）

图5-69　动感的流苏

图5-70　皮革剪切上衣（Armani）

图5-71　棕色皮革剪切套装

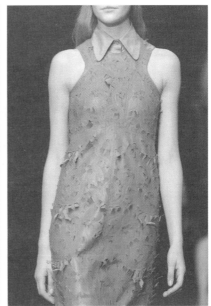
图5-72　灰色皮革剪切裙

（2）抽纱。是指抽取面料局部的经纱或纬纱，使面料呈现透空效果。（如图5-73至图5-75）

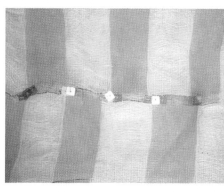

图5-73　抽纱(学生作品)

图5-74　毛边礼服裙（Atelier Versace）

图5-75　黑色抽纱流苏披肩

（3）做旧。通过水洗、打磨、化学腐蚀等方法，使服装面料产生起绒、减色、磨旧的艺术风格。（如图5-76、图5-77）

（4）镂空。是指使用切、剪、激光、火烧、腐蚀等方法在面料表面制造出空洞，营造一种通透的装饰效果。（如图5-78至图5-80）

图5－76 覆满铆
钉装饰的水洗牛仔
（Ashish）
　图5－77　水洗牛仔裙

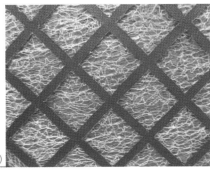
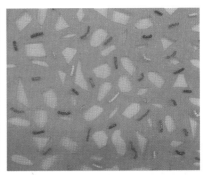

图5－78　镂空(学生作品)

　图5－79　黑色镂空礼
服裙
　　图5－80　蓝色花草纹
镂空礼服裙

（三）变形的设计手法

变形设计是指在面料的整体或局部，通过抽褶、堆积、褶皱、挤压、拧、折等方法，改变服装面料原有的平面形态，使其具有浮雕般的立体效果。

（1）褶皱。是指用缝纫或高温定型的方法使面料产生规则或不规则的褶皱，具有较强的立体造型效果。（如图5-81至图5-84）

图5-81 "一生褶"系列（ISSEY MIYAKE）
图5-82 高温定型技术产生的不规则褶皱

图5-83 夸张的领部褶皱造型
图5-84 紫色褶皱连衣裙

（2）堆积。是指在面料上按照一定的方向或规律，反复折叠、叠加，堆积成具有浮雕效果的褶铜纹路。（如图5-85至图5-89）

图5-85 堆积（学生作品）

图5-86 堆积褶皱上衣（Dior）

图5-87 红色堆积褶皱礼服裙（John Rocha）
图5-88 夸张的腰部堆积
图5-89 裙摆处的层层堆积具有节奏感（Dior）

（3）折。折是从中国传统折纸工艺中变化而来的一种面料造型手法。折纸的造型丰富多变，可以是抽象的，也可以是具象的，其夸张的立体造型、精致的形态构成，使服装呈现出一种全新的风貌。（如图5-90、图5-91）

图5-90　肩部、腰部夸张的花朵折纸造型（Dior）
图5-91　胸前夸张的花朵折纸造型（Dior）

（四）整合的设计手法

（1）拼接。将不同的面料拼接起来组成另一块面料。面料可以是随意缝合的，也可以是按几何形状规则地拼接在一起的，从而使本来单一的材料变得丰富多彩。（如图5-92至图5-95）

图5-92　皮草拼接外套（Ashish）

图5-93 拼接大衣（Chanel） 　　图5-94 黄色、灰色、白色的 图5-95 针织拼接
　　　　　　　　　　　　　　　　拼接（Kenzo）

（2）编织。将不同材质、不同粗细的线绳或面料打散裁条，再通过编、织、钩、结等手法，形成疏密、宽窄、平滑、连续、凹凸等独特的服装材料效果。（如图5-96至图5-99）

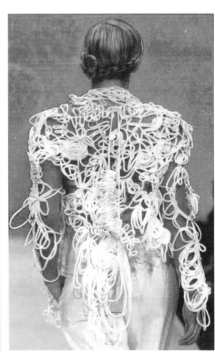

图5-96 蓝色雪纺面料编结的腰部装饰 　　　图5-97 白色线绳编成的镂空上衣

图5-98　棕色皮革编成的夹克（Almain）
图5-99　作品的黑色绑带编织设计（David Koma）

（3）叠加。将一种或多种材料反复重叠，相互渗透，使其
在纹样色彩交错中产生梦幻般神秘的美感。可以是透明面料之间
的叠加、不透明面料之间的叠加或透明与不透明面料之间的叠加
等。（如图5-100至图5-103）

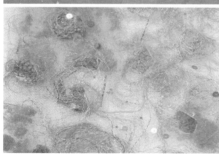

图5-100　叠加
图5-101　不同颜色的薄纱分层叠加，具有层次感（Burberry）

图5-102 透明薄纱的叠加（John Rocha）

图5-103 透明面料层层叠加，具有节奏感（Dior）

三、材料再设计在服装设计中的应用

（一）在服装局部设计中的应用

经过再设计的面料具有一定的装饰性，可以用于服装的局部设计，主要的装饰部位有领口、肩部、袖子、下摆、口袋、门襟、胸部、腰部、背部、臀部等。面料再造在服装局部设计中的应用可以起到画龙点睛的作用，成为服装设计的亮点，与服装设计的主题和风格相呼应。（如图5-104至图5-108）

图5-104 蓝色片状面料的层层叠加，使设计丰富且具有立体感（Yohji Yamamoto）

图5-105 礼服裙胸前的手工花草刺绣

图5-106 外套门襟、袖口、下摆、口袋缝缀着彩色的花朵（Chanel）

图5-107　领、腰部金属扣环的镂空效果（Chloe）

图5-108　裙子底摆疏密有序的堆积

（二）在服装整体设计中的应用

对面料进行整体再设计，主要突出面料本身的肌理、质感或色彩的变化，展示设计师对面料设计和服装设计两者之间的把握和调控能力，服装整体造型以突出面料再造变化为主，款式相对简单。（如图5-109至图5-115）

图5-109　写实的立体花朵缀满整个裙身

图5-110　黑色镂空礼服裙（Dior）

图5-111　白色钩花工艺编织裙

图5-112 复古的刺绣覆满整个裙身（Tony Ward）
图5-113 缀满珠宝的华丽晚礼服（Elie Saab）

图5-114 红色堆积礼服裙（John Rocha）
图5-115 蓝色定型压褶裙（ISSEY MIYAKE）

思考与练习

1. 收集各种不同种类和属性的服装材料。

2. 收集以材料应用为主的服装设计作品，分析其设计风格及材料应用的特点。

3. 运用服装材料再设计的多种表现手法，完成2—3组不同设计主题的材料再设计练习。

4. 以效果图的形式，完成创意面料设计在服装设计中的局部与整体运用的练习。

第六章
服装创意设计

第一节　服装创意的灵感来源

　　灵感是指人们在创造活动中某种新形象、新观念和新思想突然进入思想领域时的心理状态，是设计的审美表达的灵魂和精神所在，它具有随机性、突发性和偶然性。灵感不是凭空产生的，而是来自于设计师对生活和设计事业的热爱，源于设计师长期的生活知识积累和较强的艺术内涵修养。设计师除了要积累本专业知识之外，还需要更广泛地获取专业之外的各种信息，例如大量阅读文学、历史、哲学等领域的书籍，培养对美好事物、时尚潮流的敏感性。灵感需要主动地去寻找，从有形到无形，世间万物都可以是设计灵感的源泉。灵感素材的获取可以从以下几个方面入手。

一、源于历史服装的灵感

　　在人类漫长的历史长河中出现了许许多多典型的历史服饰，如从原始人类的兽皮着装，到古希腊、古罗马时期的披挂、悬垂式的丘尼卡、希顿、希玛纯及托加袍等，再到文艺复兴时期的切口服装、填充式服装，以及洛可可时期繁复、华丽的服装，最后到新古典主义时期宁静、精致的衬裙式连衣裙……这些历史服饰都是我们获取设计灵感的宝贵财富。不同时期、不同民族、不同风格的服装，体现了不同地域、不同文化的审美意识和制作工艺。历史服装中有许多值得借鉴的细节，任何一种造型、一种图案、一种衣褶，都可能使设计师受到启发，从而将其变成符合现代审美要求的创作素材。（如图6-1至图6-4）

图6-1　从中国的汉服中获得设计灵感

图6-2　设计灵感来源于中国传统的旗袍（Louis Vuitton）

图6-3　设计灵感来源于中国传统的祥云图案

图6-4　以中国传统的旗袍为设计灵感来源（Jason Wu）

二、源于民族和民间艺术的灵感

我国幅员辽阔，少数民族众多，同时历史悠久，文化底蕴深厚。中国的民族服装和传统服饰极为丰富，是人类宝贵的文化遗产和知识财富。少数民族的服装、装饰、纹样、色彩、传统手工技艺等都是珍贵艺术宝藏，值得我们借鉴；除此之外，中国传统的民间艺术也是服饰设计灵感的来源，例如蜡染、脸谱、刺绣、剪纸艺术等经常给创作者以美妙的灵感，并被广泛应用到服装设计中。

不同的自然环境和历史积淀造就了世界各民族间不同的风俗习惯和文化传统，不同的民族也发展出各自的审美观念和各异的奇趣的民族服饰。印度的沙丽、日本的和服、印第安的纺织品、波斯的图案等都因其具有的鲜明的民族特色而成为一个民族或地区的文化象征。这些带有浓厚民族色彩和民俗风味的服饰文化被世界各地的设计师们广泛采用。（如图6-5、图6-6）

图6-5　设计灵感来源于日本传统的和服（Dior）

图6-6　灵感来源于墨西哥的部落风情（Jean Paul Gaultier）

三、源于姊妹艺术的灵感

音乐与舞蹈、建筑与摄影、书法与绘画等姊妹艺术是人类宝贵的精神财富，它们是服装设计最主要的灵感来源。艺术中的许多语言都是相通的，尤其在这些姊妹艺术中，包含许多服装上所需要的信息。姊妹艺术与服装的流行和发展有不解之缘，服装也被称为"凝固的音乐""流动的建筑""绚丽的绘画""变幻的电影"等。（如图6-7至图6-10）

图6-7 设计灵感来源于日本浮世绘名画《神奈川冲浪图》（Christian Dior）

图6-8 以梵高的名画《向日葵》为设计灵感来源（Rodarte）
图6-9 灵感来源于西西里岛蒙特利尔大教堂中那些金碧辉煌的镶嵌画（Dolce & Gabbana）

图6-10 以油画为设计灵感来源，将画布和画框直接"穿"在模特身上（Viktor & Rolf）

四、源于社会生活的灵感

服装是社会生活的一面镜子，它的设计风格反映了一定历史时期的社会文化动态。人生活在现实社会环境之中，每一次社会变革都会给人们留下深刻的印象。社会文化新思潮、社会运动新动向、体育运动、流行时尚及重要节日、大型庆典活动等，都会在不同程度上传递一种时尚信息，影响各个行业以及不同阶层的人们，同时也为设计师提供创作的元素。敏感的设计师就会捕捉到这种新思潮、新动向、新观念、新时尚的变化，并推出符合时代特点、时尚流行的服装。（如图6-11至图6-13）

图6-11 灵感来源于意大利城市风景。设计师从一名意大利游客的视角出发，将意大利的名胜古迹、绘画、雕塑绘制成明信片印在衣服上（Dolce & Gabbana，2016春夏）

图6-12　裙子上印花和刺绣的原型来自儿童的手绘
图画，看上去就像淘气的孩子用蜡笔在妈妈最漂亮的
裙子上的涂鸦（Dolce & Gabbana）

图6-13　以麦当劳为设计灵感（Moschino）

五、源于自然生态的灵感

图6-14　服
装中翩翩起舞
的蝴蝶造型
（Valentino）

　　人类生存的外部世界同样为设计师提供了丰富的设计素材。自然生态变化万千、千姿百态，蕴含丰富的物产，如山川、海洋、天空、动物、植物等一切自然景物的造型、色彩、质感、肌理等都是设计者可以借鉴、联想、转化和应用的，它们是激发服装设计师创作灵感的重要源泉。

　　将自然景物的造型、色彩、肌理、图案纹样运用在服装设计中，是设计师对于生活中美好事物的感情寄托，使设计的服装形象生动、富有亲和力，具有非常突出的视觉效果。比如，在千姿百态的大自然中，蝴蝶总是以五彩斑斓的形象示人，使人们对大自然的美丽和神秘充满无限遐想与憧憬。因此，服装设计中经常有以蝴蝶的色彩或造型为灵感来源的设计，通常在高级时装礼服中的肩部、胸部运用较多，给人视觉上以较强的动感、亲切感和更多的趣味性。（如图6-14至图6-16）

图6-15 以海洋生物为灵感来源，提取生物的图案花纹为服装面料印花的设计灵感（McQueen）
图6-16 灵感来源于春天里盛开的花朵（Marchesa）

六、源于科学技术的灵感

科学技术的进步给服装设计带来了无限的创意空间及全新的设计理念，高科技、网络技术、新的纺织面料的应用开拓了设计思路，可以说科学创造了时尚。服装设计师必须时刻关注科技动态的发展，才能使自身的设计跟上时代潮流，迎合大众的需要。现在，很多服装设计作品中都能看到科学技术元素。由科学技术激发的设计灵感主要表现在以下两个方面。

（1）通过服装表达对未来的想象。这类服装通常都具有很强的设计感，带有强烈的未来主义倾向。（如图6-17）

（2）运用高科技的新型面料和加工技术。科技的发展为设计师提供了广阔的创意空间，尤其是各种充满想象力的新材料。（如图6-18）

图6-17　以闪耀的金属质感面料来表现科幻与未来主义（Armani）

图6-18　运用现代高科技3D打印技术处理特殊肌理的面料（Iris van Herpen）

第二节 服装设计的构思方法

一、仿生

仿生是服装设计重要的构思方法，在服装设计中，它是一种根据仿生对象的外形、色彩、意境等元素进行构思设计的方法。我们既可以模拟仿生对象的某一部分，也可以模拟仿生对象的整体形象，通过特定的服装语言使之异质同化。

自然界的万事万物有很多非常优美的造型和不可思议的形态，在进行构思设计时我们既可以对仿生对象的造型、色彩、图案、肌理特征进行直接具象的模仿或借鉴，也可以对其内在神韵和基本特征进行抽象的演绎。如以荷叶为灵感，将荷叶的造型直接或间接地运用于服装中，模仿荷叶边缘的弯曲不平、起伏的形态，表现在服装的袖口、裙摆等部位上，表现层叠起伏的外观。仿生的关键是不要生搬硬套，一定要灵活运用，既要与服装的基本性质相结合，又要与设计风格相协调，还要与流行时尚同步，避免造成视觉上和感觉上的生硬感、混乱感。（如图6-19至图6-21）

图6-19 作品以蜜蜂为灵感来源，对养蜂人的面纱与蜂巢图案进行仿生设计（Alexander McQueen）

图6-20 作品中的藤条编织和木纹仿生设计（ISSEY MIYAKE）

图6-21 作品中的蝴蝶仿生设计（Jean Paul Gaultier）

二、联想

联想是一种线性思维方式，是由一种事物想到另一种事物的构思方法，联想是拓展形象思维的好方法。

服装设计中的联想是以某一个意念为出发点，展开相关的连续想象，在一连串的联想过程中找到自己最需要的、又最适用于设计的某一点，以获得最佳的服装款式造型。联想被用于服装设计主要是为了寻找新的设计题材，拓宽设计思路。由于每个人审美情趣、文化素质和艺术修养不同，即使是对同一事物展开联想，设计结果往往也会不同。（如图6-22）

图6-22　作品以金属质感的碟形帽子和面料来表达对科幻与未来主义的联想（Armani）

三、借鉴

借鉴是对某一事物某些特征有选择地吸收并融合，形成新的设计的方法。服装设计师在设计构思过程中，借鉴大师的优秀设计作品、历史服装、民族民间艺术、建筑、绘画或者某种工艺加工手法等,从中概括特征、提取设计元素，进行扩展或延伸设计。如以我国民间皮影戏为灵感，借鉴和提取其中关键的造型、色彩以及装饰元素进行设计构思，转化成服装设计中的结构、造型、色彩等，并加以重新组构，使设计作品具有很强的民族性和艺术感染力。

借鉴可以是服装之间的借鉴，如不同功能、不同场合、不同性别、不同材料的服装之间的相互借鉴，也可以是借鉴其他事物中具体的形、色、质、意境及其组合形式。借鉴有两种方式：一是，对事物进行全部或基本照搬，将事物的造型、色彩、图案等样式直接借鉴到新的设计中，有时会取得巧妙生动的设计效果；二是，将事物的某一特点借鉴过来，用到新的设计中，这是一种有取舍的借鉴，或借鉴造型，或借鉴材质，或借鉴工艺手法，等等。（如图6-23至图6-26）

图6-23　借鉴泳衣的设计（DSquared²）

图6-24　借鉴旗袍的设计（Louis Vuitton）

图6-25 借鉴蒙特利尔大教堂金碧辉煌的镶嵌画（Dolce & Gabbana）
图6-26 借鉴陶瓷的图案纹样（Giambattista Valli）

第三节 服装创意设计过程

一、确定设计主题

在开始一组服装设计前，首先，要确定的就是主题。主题是一个系列构思的设计思想，也是创意作品的核心。灵感是确定设计主题的重要来源。变幻无穷的自然万物、悠久的服装发展历史、绚烂多姿的民族民间文化、日新月异的现代科技、瞬息万变的流行时尚、丰富多彩的姊妹艺术等，都为设计师提供了源源不断的设计灵感来源。当设计师收集了一定的灵感资料后，应该学会对它们进行梳理、提炼，以确定设计主题。从积累的素材中选取最感兴趣、最能激发创作热情的元素进行构思。当启发灵感的切入点明朗化、题材形象化，与主题相关的图片与关键词逐渐清晰，系列主题就会凸显出来。如从中国传统文化艺术中衍生出来的"书之魄""青花瓷"等主题，从自然生态植物的素材中衍生出来的 "蝶恋"主题，从科学技术中衍生出来的"银河之遐想"主题等。（如图6-27）

图6-27 设计主题——青花瓷（学生作品。设计灵感来源于中国传统的青花瓷器，将青花瓷器中典雅的花纹图案与蓝白色彩应用到系列服装设计中）

二、研究流行趋势

　　设计主题与灵感只是服装创意设计的第一步，如何赋予它们新的含义和流行感，才是创意设计的意义所在。在服装创意设计前期对当前的流行趋势和流行元素进行收集整理、分析研究是非常必要的。流行趋势可以来自市场、发布会、展览会、流行资讯机构、专业的杂志以及互联网等，其信息包括最新的设计师作品、大量的布料信息、流行色、销售市场信息、科技成果、消费者的消费意识、文化动态及艺术流派等。

　　进行流行趋势研究时，要留意资料中有关廓形、比例和服装穿着方式的图片信息，寻找造型和服装组合的灵感，将关键要点做笔记；从资料中收集关键词，这能为服装的款式、细部、织物和装饰设计提供更多的灵感；分析趋向性的时装发布，使自己的设计理念与流行同步；研究最受欢迎的品牌设计师，如Dolce & Gabbana、Alexander McQueen和Viktor & Rolf等当季和过季的发布作品，思考为何这些服装能够流行。所有的这些工作在设计中都会起到重要的参考和借鉴作用。（如图6-28至图6-30）

图6-28　通过"穿针引线网"收集的2017年服装面料色彩灵感
图6-29　通过"穿针引线网"收集的流行花纹图案（Pattern Curator，2017）

第六章　服装创意设计

153

图6-30　高级定制秀，以大自然的花草为灵感来源，廓形的裙装上延伸出来的立体花朵，极尽夸张的草帽造型，厚底人字拖形成了田园风格（Viktor & Rolf）

三、制作主题板

确立了主题并收集了足够的图片资料后，就要对思路和图像进行整理。当我们将想法理顺，有了清楚的思路，设计就会变得简单得多。优秀的主题板就像桥梁，可以将我们顺利导入设计之中。

制作主题板就是搜集各种与主题相关的图片，对它们进行研究、筛选，注意将研究素材和流行意象及趋势预测结合起来。再将这些选好的图片粘贴在一块大板上，同时选择一组能再现主题的色彩系列一起放在画板上，以便你一眼就能看出这些设计的演变趋势。主题板的制作并没有固定的模式和规范，有的复杂，有的简单，在制作过程中可以从情绪的表达、设计气氛的烘托、色彩的来源、材质或廓形的参考等几个方面去考虑。例如，灵感来源于海洋，就要将一切收集到的与海洋相关的素材进行提炼，并选择自己想要传达的主题，可以是具象到海洋中的某一生物，也可以是人们通过海洋表达的情绪，还可以扩展到海洋的过度开发和污染……将与此主题相关的图片结合流行趋势进行提炼，制作出主题板，其中包括灵感来源、色彩、设计元素等。（如图6-31）

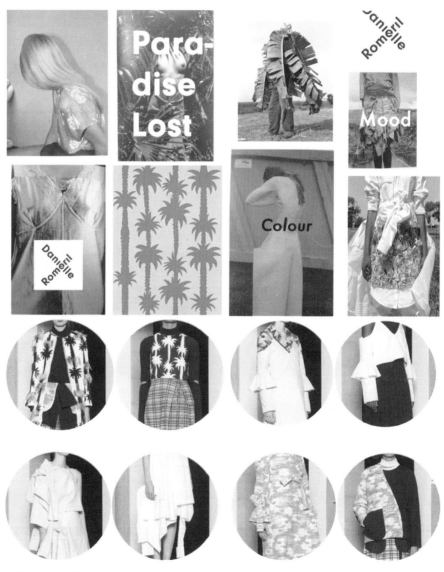

图6-31　主题板和设计细节（Danielle Romeril，作品灵感来源于时尚摄影师所拍摄的非洲农民纪录影像与摄影作品。非洲当地的风景和农民的衣着特性被一一提取，成为设计师的灵感元素）

四、提取与转化设计元素

在收集与设计主题相关的资料图片后，就直接开始画设计稿并不是明智的选择，这会令我们陷入照搬图案或缺乏思考的窘境之中。那么，如何将手头的灵感图片资料与服装设计联系起来，通过何种方法应用到创意服装设计中去呢？我们需要一个重要步骤——提取与转化设计元素。

提取设计元素的方法就是仔细观察和分析图片资料，将自己最感兴趣的部分提取出来，绘制到草稿本上，它们可能是一些图案、肌理效果、色彩组合或造型等。

图案设计元素提取与转化最直接和简单的办法就是提取他物的图案，直接用到服装之中；更深入的方式则是对他们进行打散、重构，将新的图案设计元素再转化到服装之中。如英国著名的服装设计师Alexander McQueen，就是把女性与海洋哺乳动物相融合，把精心处理的海洋爬行动物印花贯穿整个服装设计中，产生梦幻般的色彩效果。造型设计元素的提取与转化就是将事物的形态通过模仿的方法运用到服装造型设计中。可以是服装整体造型上的模仿，也可以是局部的运用，可以直接采用它的形态，也可以将其形态加以变化，添加服装需要的元素，进行进一步加工和处理，用不同的造型方法设计具有美感的作品。（如图6-32至图6-37）

图6-32　设计师Miuccia Prada直接将当代女性艺术家的人脸涂鸦作品印染到服装上，是对图案元素的直接应用

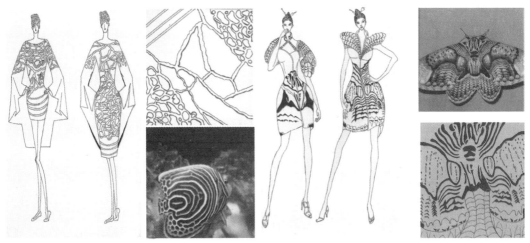

图6-33　从原始资料图片中进行图案元素的提取，并将提取出的新图案转化应用到服装设计中（学生作品）

图6-34　提取海洋生物的色彩、图案花纹转化到服装设计中，产生梦幻般的色彩效果（McQueen）

图6-35　提取麦当劳色彩元素，高纯度的红色与黄色搭配营造强烈的视觉冲击效果（Moschino）

图6-36　设计师提取蝴蝶的造型转化到服装的整体和局部设计中（Jean Paul Gaultier）

图6-37　提取原始图片中的造型元素，并将提取出的新的造型元素转化应用到服装设计中　（学生作品）

五、设计草图

　　设计草图主要是用来表现设计者对服装款式的初步构想，需要在速写本上快速表现款式的特点，画的时候不用受任何的约束，尽可能地将想到的设计点展现在纸上。为了节省时间，草图可以不用上色，也可以画一些大概的配色和图案。从草图到正稿的过程是一个不断调整和修改的过程。在这个过程中，也可以将色彩、面料小样和制作的局部工艺设计实样粘贴在草稿本上，检验设计构思的可行性，为款式的确定做好准备。（如图6-38）

图6-38 设计草图及作品最终呈现，设计师通过数码印花和手绘的形式，在纯白的面料上描绘插画作品。极其简约的版型剪裁，融合了似是孩童寥寥几笔随性涂鸦的草稿，处处透露着一股稚嫩有趣的玩味（Edda Gimnes）

六、确定设计稿

设计一个成熟的系列，需要绘制大量的草图。教师要和学生一起对草图进行审稿，通过修改和完善，绘制好效果图，最终定稿。成熟的设计图不仅可以展示系列作品的款式，也可以传达系列设计的意境。在画的时候要求比例清楚，结构清晰，让他人看了能够马上明白你的设计意图。（如图6-39至图6-41）

图6-39 《仰望星空》效果图（学生作品）
图6-40 《一路同行》效果图（学生作品）
图6-41 《忆往昔》效果图（学生作品）

七、打版

打版即绘制服装平面纸样，在服装工艺中起着至关重要的作用。绘制纸样是设计稿绘制和工艺制作的衔接环节。服装纸样的设计有两种：平面纸样裁剪和立体纸样裁剪。它们的最终目标是取得平面纸样。

（一）平面制图

平面制图是将立体的服装款式造型，根据人体主要部位尺寸及其计算方法，运用制图工具及技术手段，按比例和步骤将服装结构分解，绘制成服装衣片和部件的平面制图的过程。服装平面制图一般有毛份制图、净份制图和缩小比例制图等形式。目前普遍使用的平面制图法有两种，即原型法和比例法。（如图6-42）

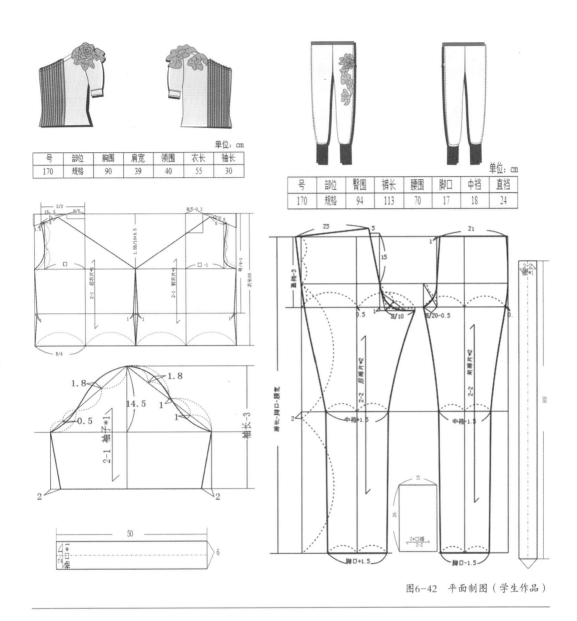

号	部位	胸围	肩宽	领围	衣长	袖长
170	规格	90	39	40	55	30

单位：cm

号	部位	臀围	裤长	腰围	脚口	中裆	直裆
170	规格	94	113	70	17	18	24

图6-42　平面制图（学生作品）

（二）立体裁剪

立体裁剪是区别于服装平面制图的一种裁剪方式，是实现服装款式造型的重要手段之一。它是利用白坯布直接覆在人体模型上，通过分割、折叠等手法制作构思好的服装造型。在造型的同时剪掉多余的部分，并用大头针固定，在确定线的位置作标记，再从人台上取下坯布恢复成平面状态进行修正，并转化成服装纸样。（如图6-43）

图6-43 立体裁剪（学生作品）

八、制作坯样

版型是否准确合体，以及服装款式造型和其他设计细节是否可行，需要将白坯布立体剪裁制作成样衣进行检验。在人体或人体模型穿着的三维立体形态下观察效果，整理造型，调整尺寸，并用划粉或水笔做好修改标记，然后将立体检验过的坯样再展开成平面，按新的标记修正裁片缺陷，最后确定纸样。

九、工艺制作

当获得满意的坯样并重新调整纸样后，就可以运用确定的面料开始制作服装。以下是服装工艺制作的大体过程：

（1）裁剪。为了减少浪费，在裁剪前要先根据样板绘制出排料图。将纸样放置于平铺的面料上，根据面料的大小，合理、有效地排列衣片，并对齐纸样与面料的经纬纱向，用划粉在面料上勾勒出衣片的纸样，裁剪衣片。

（2）缝制。缝制是服装制作的中心工序，将裁剪好的衣片按照一定的顺序车缝在一起，组成完整的服装。

（3）整烫。将服装熨烫平整，并运用归、拔、推等一系列整烫技巧塑造服装立体造型。

（4）试衣修正。工艺制作的最后一个环节，通过试穿找出服装各部分存在的问题，然后加以修正，以达到着装的最佳效果。

十、总体完善

在系列成衣的制作完成后，仍需进行最后的完善工作。从整体的角度审视系列设计中各个细节之间的关系是否和谐，包括恰当的造型、色彩材质和肌理的美感，精心处理的统一、主次、对比、节奏等审美关系，以及通过对系列服装的头饰、配饰、化妆等整体搭配的补充和完善，使总体效果更趋完美。（如图6-44、图6-45）

图6-44 《永恒》主题设计（学生作品）

图6-45 《玫瑰之恋》主题设计
（学生作品）

第四节　服装创意设计案例

本节将以"'纳'些记忆"主题设计为例来说明服装创意构思、设计的过程。

一、"'纳'些记忆"主题分析

作品的设计灵感来源于潍坊地区的割绒鞋垫，将割绒鞋垫中的纳绣、割绒传统工艺技法和现代感较强的几何图形相结合，并融合其他的刺绣工艺，加以重新组构，使服装设计作品具有很强的民族性和艺术感染力。纳绣、割绒是本次主题的关键点和特色，也是贯穿整个主题系列的元素。因此，设计者将主题名称确定为"'纳'些记忆"。（如图6-46）

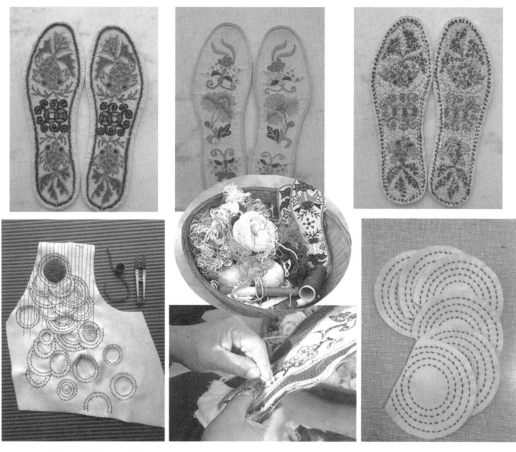

图6-46　设计主题板（孙闻莺）

"纳"是"纳绣"工艺的直接语言表达。"记忆"表达了对传统的民间工艺技法的考察、学习、理解和回忆，以及对这种传统手工艺技法的保护和传承。同时，"记忆"也是"技艺"的谐音，是对传统的民间手工技艺的一种转述与表达。将割绒纳绣的技艺创新应用到服装设计中，并在设计和制作过程中留存和传承技艺所承载的视觉记忆、民风习俗、文化样态与个人情感，是对割绒鞋垫这种传统民间工艺的继承和发扬。

二、"'纳'些记忆"构思设计

从最初的构思、绘画设计草图到最后的成品，是需要经过反复斟酌和修改的。即使已经最终定稿，在打版和制作过程中也会根据需要做一些修改和处理。"'纳'些记忆"的设计草图、面料选择与尝试、工艺制作等经历了多次实践与反复修改。设计的开始主要围绕着如何将割绒鞋垫中的"纳绣""割绒"工艺技法提炼出来，进行有效的改良和创新，经转化应用到创意服装中，使传统的民间手工艺与现代创意服装最大限度地融合。服装的款式设计主要考虑现代时尚与创意元素的结合。

（一）设计草图

构思设计第一阶段：设计图稿整体款式由礼服组成，多采用廓形的收腰款式，服装正面装饰有纳绣割绒工艺完成的传统的鱼、凤、鸟等吉祥图案，能较为直接地传达传统民间工艺的风格特征。

构思设计第二阶段：设计图稿由三套长礼服组成，采用廓形的收腰款式，三套礼服裙的上半部分都是由纳绣割绒工艺制作完成的。由不同形状，不同大小的绣片叠加制作，其中纳绣绣片和割绒绣片穿插使用，既增强了服装整体的视觉效果，又不失工艺技法的装饰性。

构思设计第三阶段：最后定稿的是一组现代创意服装，由三套创意套装组成，款式均选用修身的廓形，每一件服装中都有纳绣割绒完成的装饰纹样，或直接绣在衣片上，或将绣好的绣片再缝制在服装上。由纳绣割绒工艺完成的纹样并没有照搬割绒鞋垫的纹样，也没有使用传统的吉祥纹样，而是选择设计师自己设计的现代感较强的几何纹样。几种几何纹样穿插使用，使服装整体现代感有所提升，同时，也是对纳绣割绒纹样的一种创新运用。（如图6-47至图6-49）

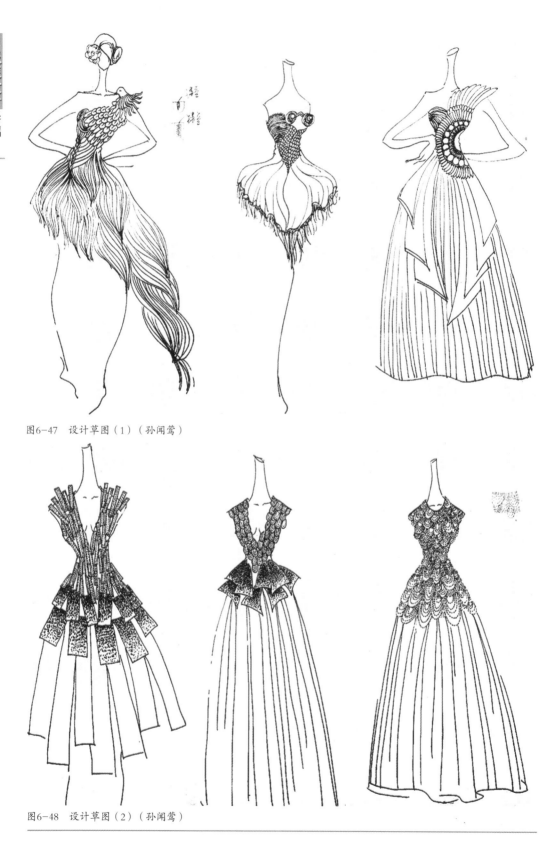

图6-47 设计草图（1）（孙闻莺）

图6-48 设计草图（2）（孙闻莺）

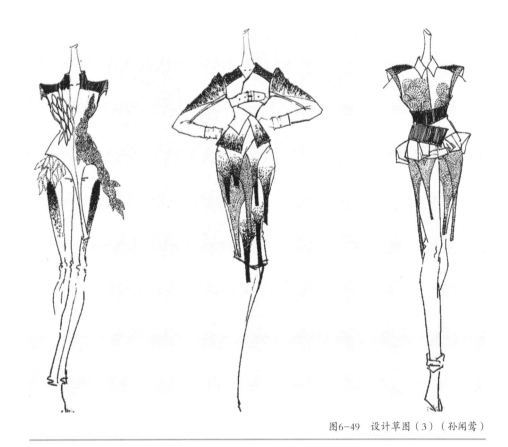

图6-49 设计草图（3）（孙闻莺）

（二）面料与色彩搭配

在这组设计中，白色的羊毛呢是使用频率最高的材质，半透明的欧根纱主要作为内搭，有时还搭配少量的真丝面料，几种面料混合使用，更能突出整体设计的现代时尚气质。在设计制作过程中对羊毛呢和真丝面料进行了纳绣和割绒的工艺处理，让面料更加有层次感和特色，更能体现主题思想。几种面料之间的组合搭配形成软硬质感的对比、透明与不透明的对比、挺括与飘逸的对比，同时表现出服装整体的虚实关系。在配色上选用白色和红色作为主要的色彩进行搭配，白色作为底色，红色作为绣线的颜色，两种色彩对比强烈。（如图6-50）

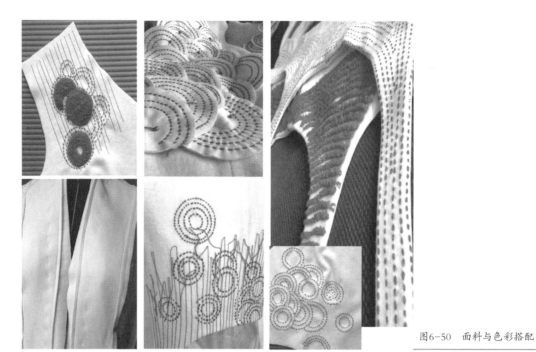

图6-50　面料与色彩搭配

（三）服装效果图

经过对设计草图的多次修改与完善，最终确立系列设计效果图。（如图6-51）

图6-51　效果图（孙闻莺）

三、"'纳'些记忆"工艺制作

笔者将以图片的形式介绍"'纳'些记忆"的一些工艺制作步骤和工艺细节。（如图6-52至图6-55）

图6-52　工艺制作步骤（孙闻莺）

图6-53　工艺细节（1）

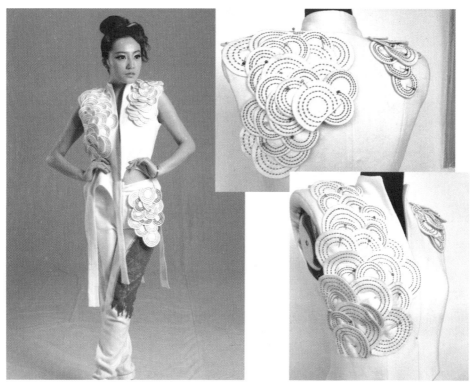

图6-54 工艺细节（2）

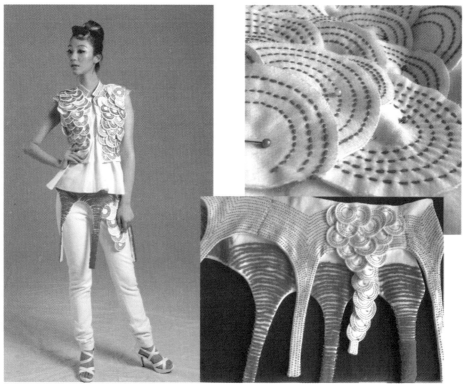

图6-55 工艺细节（3）

思考与练习

1. 服装设计的灵感来源途径有哪些?

2. 从民族和民间艺术中寻找服装设计灵感,设计一组服装。

3. 从自然生态中寻找设计灵感,设计一组服装。

4. 从姊妹艺术或社会生活中寻找设计灵感,设计一组服装。

第七章
服装分类设计

第一节　职业装设计

职业装俗称工作服，是为满足工作需要而特别定制的服装，不同的职业有不同的适合其职业特点的职业装。职业装能直接表明穿着者的职业身份、体现职业特征。在我国古代，就有穿职业装工作的习俗，如皇帝上朝要穿龙袍、戴皇冠，大臣上朝要穿朝服，士兵上战场需要穿铠甲战袍，学子去学堂要穿长衫等，这些服装都属于职业服装的范畴。在现代社会中，职业分化越来越细，各行各业根据自己的行业特点和职业需求，穿着适合的职业服装，以达到方便工作的目的。各行业越来越重视自身的文化理念建设，职业装作为各类企业文化的重要组成部分，能通过员工着装后良好的精神面貌，传递企业文化，彰显企业精神。

一、职业装的特点

（一）标识性

职业装的标识性是其最主要的特点之一，通过职业装可以快速解读穿着者的职业身份信息。如"白领""蓝领"，就是对职业装特征和职业的典型概括，通过"白色的衬衫领"和"蓝色的衬衫领"这样显著的服装特征直接表明穿着者的工作性质，具有明显的标识性。再如，被称为"白衣天使"的护士，在工作时穿着白色的服装，白色的护士服让就医的病人有卫生、安全、亲近的感觉。还有大家熟知的麦当劳，其员工的职业装从颜色搭配上与麦当劳的标识相呼应，主要颜色搭配为红、黄两色，醒目、突出的特征让人们很快能识别出来。

服装款式造型整齐划一的职业装有利于树立和加强从业人员的职业道德规范，培养其敬业爱岗的精神。除此之外，职业装还便于企业识别、弘扬企业理念，利于公众监督和内部管理，提高企业的竞争力。（如图7-1至图7-2）

（二）实用性

职业装的实用性是其另一个主要特点。职业装是穿着者工作时穿着的服装，重点是要方便工作，适应工作环境。方便实用的职业装可以让每位员工工作时身心放松，尽心尽责，增强工作责任心和集体归属感。（如图7-3至图7-4）如清洁工的服装，款式宽松肥大，颜色选用鲜艳明亮的黄色，制作工艺良好，经得起反复的摩擦，面料多采用耐磨耐洗的全棉布料，吸湿和散热性能良好，背后附加具有反光性能的标识条，可提醒来往车辆清洁工的位置，保护清洁员工在劳动时不受伤害，防止出现意外。

图7-1　酒店保安服装特征明显，便于企业识别、弘扬企业理念
图7-2　酒店服务员服装

图 7-3　酒店服务员服装，整齐划一，方便工作时穿着

图 7-4　酒店服务员服装

（三）防护性

　　职业装的防护性主要体现在职业工装类的服装上，为保护工作人员身体不受工作环境中有害因素的侵害，帮助工作人员准确、安全、高效地完成任务。如消防员的服装——防火服。新型消防员灭火防护服采用四层结构，是专供在灭火时使用的专用防护装备，不适用于其他救援作业。该防火服无季节之分，一年四季都是同一套服装。防火

服是由阻燃纤维织物与真空镀铝膜的复合材料制作而成，不含石棉，具有比重轻、强度高、防火阻燃、耐高温、抗热辐射、防水、耐磨、耐折、对人体无害等特点，能有效地保障消防员、高温场所作业人员在接近热源时不被酷热、火焰、蒸气灼伤。防火服包括上衣、裤子、手套、头罩和护脚，提供从头到脚全方位的保护。

　　职业装的防护性设计主要由面料、辅料、配件、附件、色彩等几部分组成。设计时结合具体的工作环境和工作特点，做到防护性设计合理化，最大限度地减少事故的发生及避免相关伤害。（如图7-5至图7-7）

　　图7-5　维修工人的服装需要舒适方便，便于工作
　　图7-6　装卸工人的服装主要起到防护身体免受伤害的作用

图7-7　机械工人服装

（四）时尚性

职业装的时尚性越来越受到设计者和穿着者的关注，时尚漂亮的职业装会增加穿着者的愉悦感，增强企业员工的责任心和集体归属感。如传统意义上上班族的服装。我们在大街上看到穿着黑西装、白衬衫的人就知道是上班族，其男装女装都没有大的区别，这样过时而缺乏设计感的职业装势必会被淘汰。现代社会越来越注重人的情感需求，越来越人性化，这种文明的进步同样体现在职业装的设计中。如银行职员的服装，虽然依旧是深色西装、浅色衬衫，但注重了款式的变化、面料的舒适度、服饰配件的搭配以及加入时尚元素和时代特征的流行元素，如，在女款服装脖颈间系一条色彩亮丽的丝巾，顿时让服装整体生动起来。（如图7-8至图7-10）

图 7-8　办公室白领服装（1）

图 7-9　办公室白领服装（2）

图 7-10 办公室白领服装（3）

二、职业装的分类

职业装的分类目前尚没有统一的标准，一般按照职业性质、职业特点、服装功能、穿着目的，可分为职业时装、职业制服、职业工装三类。

（一）职业时装

职业时装有着明显的潮流感和时尚感，在满足职业装实用功能的同时注重应用时尚元素和流行元素，十分追求品位与潮流，面料的选择也更加考究，造型上强调简洁与高雅，色彩追求整体的搭配与协调，总体上注重体现穿着者的身份、文化修养及社会地位。如高级白领和办公室一族的职业装。（如图7-11至图7-13）

图 7-11　兼具时尚性和舒适性的职业时装（Burberry）
图 7-12　兼具时尚性和舒适性的职业时装（Burberry）
图 7-13　兼具时尚性和舒适性的职业时装（Burberry）

（二）职业制服

职业制服是以突出职业特点和强化企业形象为主要特征的职业装。根据行业特点和服装功能可以分为以下几类。

1. 商场或超市营销员类职业制服

商场或超市营销员职业制服，适用于商场、超市、专卖店、连锁店、营业厅等场所的商业促销员和产品促销员。此类服装的重点是吸引顾客，从而引起顾客对产品或活动的关注。因此，服装的色彩要考虑与陈设商品的色彩相呼应，选择鲜亮色并采用适当对比的颜色进行设计搭配，张扬个性，强调标识性，起到有效吸引顾客的作用；款式既要时尚前卫、美观大方，又要有亲和力，要求适合工作环境和工作特点；面料选择以舒适为主，并结合服装款式和工艺制作特点，兼顾考虑经济成本，如各种涤棉衬衣类以及仿毛类、化纤类，又如卡丹皇、制服呢、金爽呢、新丰呢、形象呢、仿毛贡丝锦等。（如图7-14至图7-15）

图 7-14　车模服装
图 7-15　商场促销员服装

2. 宾馆酒店服务类职业制服

宾馆酒店服务类职业制服，适用于宾馆、酒店、餐厅、酒吧、咖啡厅等服务型行业的从业人员。服装款式特点、色彩搭配要能体现企业文化和企业形象，设计要求造型简洁、线条清晰、流畅；服装结构、尺度、造型，要符合职业规范的要求；主要适用的面料类似商场类职业制服。如，西餐厅男服务员服装式样较为固定，短式西服或西式马甲内穿白色衬衣，打黑色领结，配黑缎面腰封，色彩以黑、白两色为主；女服务员服装以白色衬衣、黑色筒裙配以西式马甲为主，注重衬衣的领型、领花的形式和裙型、长度上的变化，色彩以黑、白为主。中餐厅服务员服装多以中式套装和短式旗袍为主，配合有中式特色的纹样装饰，或滚边，或镶边，或刺绣等。快餐服务员服装设计要求简洁、明快，体现快餐洁净、便利和快捷的经营理念，通常采用明艳的色彩和彩色条纹布来体现其活泼、热情的服务风格，因此，T恤衫和运动式衬衫也是快餐服务员常选用的服装。（如图7-16至图7-17）

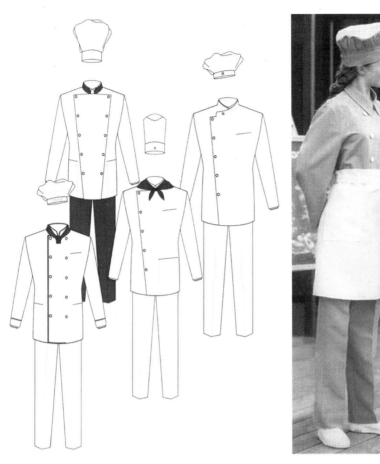

图 7-16 酒店厨师服装
图 7-17 西餐面点师服装

3. 医疗卫生服务类职业制服

医疗卫生服务类职业制服，适用于各医疗单位及美容院、保健机构。服装款式简洁大方，色彩多为淡雅、清爽的色系。服装主要满足实用功能，方便、实用是首要条件。此类服装对面料的要求较严格，一般多采用全棉类，搭配涤线平、涤卡、全棉纱卡类的面料。（如图7-18至图7-19）

4. 行政事业管理类职业制服

行政事业管理类职业制服，适用于国家各执法、行政服务部门，如公安、工商、税务、环保、国土、城管、渔政、水政、海关、公路、卫生、劳动等，其款式、色彩搭配都是根据国家统一标准进行设计的，适用的面料通常为统一选定的专用料。（如图7-20至图7-21）

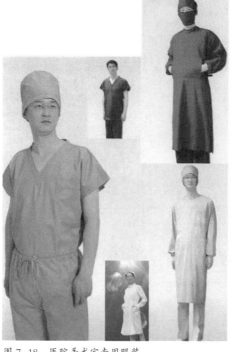

图 7-18　医院手术室专用服装

图 7-19　护士服

图 7-20　公安人
员制服

图 7-21　执法部
门制服

5. 学生类制服

学生类制服，适用于各类中小学校。服装主要体现不同年龄阶段学生的特征。中小学生正处于成长发育期，所以学生服要按不同的年龄阶段和生理特点进行设计。在款式上尽量避免紧身款式，多选用宽松舒适的运动款；造型上避免有过多变化，减少服装配饰的使用；服装结构尽量简单，要穿脱方便；设计要简洁、规范、用色沉稳含蓄；同时要注意结合时尚元素，满足学生对服装美的追求。常用面料为全棉、摇粒绒、花瑶及其他化纤面料。舒适美观的学生服对营造一种优良的学习环境和氛围，增强学生自我约束力和集体荣誉感起着不可低估的效用。（如图7-22至图7-24）

图7-22 学生校服（学生作品）
图7-23 学生校服（学生作品）
图7-24 学生校服（学生作品）

（三）职业工装

职业工装主要是指在特殊的工作环境下，满足人们的工作需求，对人体起到安全保护作用的服装，此类服装强调从人体工学、护身功能来进行外形与结构的设计，是集劳动保护、人身安全及卫生保健等防护功能于一体的服装。

1.一般劳动防护类职业工装

通常情况下劳动保护服装多以轻便夹克装作为基本款式，领子、袖子、口袋、门襟等服装部件的款式，要根据具体工作性质、工作环境和防护要求来进行设计，多采用款式大方、结构简洁、色彩统一的造型结构，避免出现繁杂的结构和装饰，衣身要适当宽松便于活动。常用面料有各种规格的府绸、纱卡、帆布、线绢、线平、工装呢及少量纯化纤面料如卡丹皇等。选择色彩时要考虑工作环境和工作性质以及色彩对人心理产生的影响等因素。如井下作业，服装颜色尽量选择深色系，耐脏耐污；消防、救援等一般选用纯度高的亮色系，可以迅速识别并找到人员所在位置等。因此，要根据不同的职业要求合理选用服装色彩，通常是上、下装统一颜色，给人以整体感和秩序感。（如图7-25、图7-26）

图 7-25 劳动防护类工装
图 7-26 清洁工服装

2. 特种防护类职业工装

主要适用于某些特殊工种，如消防、电力、化工、通信等行业。服装主要功能包含有防辐射、防静电、防腐蚀、抗污、耐磨、阻燃、散热、防水等。鉴于特种防护服装的特殊性，服装款式一般没有特别要求，而对服装面料的要求比较高，多用高科技专用面料，以达到特殊防护功能需求。（如图7-27、图7-28）

图7-27　科技面料的抗静电防护服
图7-28　科技面料的防辐射服

三、职业装的设计原则

不同类别的职业装有其各自的特点和实用功能，在设计时要清楚地把握职业装的类别和设计特点，并在艺术表现手法上有所侧重。设计之前，首先要确定是针对什么职业，对设计的服装在宏观上有一个整体的认识和把握。其次，要对穿着的对象、服务的行业、服务的方式、服务的环境、季节、时间等做详细的了解。

如同样是酒店行业，酒店大堂和厨房两个环境就截然不同；西式酒店和中式酒店也是有很大的差异的。再次，要确定其设计的主题和风格再进行设计，如服装的造型特点（现代的、复古的、民族的、时尚的等）、服装的色调（冷色调、暖色调、暗色调、亮色调、华丽的、素雅的等）、服装的面料选用（天然纤维、人造纤维、合成纤维、混纺面料、棉、麻、丝、革皮、毛皮等）。设计时应尽量综合考虑设计因素，使所设计的服装在工作时穿着舒适、实用、安全，在满足实用功能的同时体现审美价值。

进行职业装设计时还需充分了解企业的发展历程、企业的精神内涵、企业的职责等方面内容，根据不同职业的具体特点，结合职业特征、企业文化、员工年龄结构、体型特征、穿着习惯等，从服装的色彩、面料、款式、造型、搭配等多方面考虑，提供最佳设计方案。

第二节　休闲装设计

休闲装是人们在工作之余、闲暇时、休闲娱乐时穿着的服装。现代社会人们工作压力大，劳动强度大，给人带来了很大的心理压力和身体负担。因此，在工作以外的休息时间人们越来越注重身心的放松和休息，休闲装越来越受到人们的重视和青睐。休闲装强调服装的舒适简便和浓郁的生活气息，它将简洁自然、舒适、轻松、随意、富有个性的风貌展现在人们眼前。日常穿着的便装、运动装、家居服等非正式的、有别于严谨、庄重的职业装的所有服装，都可称为休闲装。典型的休闲装有T恤、牛仔裤、牛仔裙、套衫、格子绒布衬衫、灯芯绒裤、纯棉白袜、旅游鞋等。

一、休闲装的特点

（一）舒适性

舒适、方便、自然，给人以无拘无束的感觉是休闲装最显著的特点。穿着休闲装能在休闲运动中活动自如，不受束缚，它以良好的自由度、功能性和运动感赢得了大众的青睐。（如图7-29、图7-30）

图7-29 常见休闲装（1）
图7-30 常见休闲装（2）

（二）时尚性

时尚、个性、潮流是休闲装的又一大特点。爱美之心人皆有之，人们在追求舒适、方便的同时会给予时尚很高的关注度。因此，加入流行元素的、时尚感强的休闲装更加容易受到人们的青睐。（如图7-31至图7-33）

二、休闲装的分类

休闲装根据穿着场合、服装特点等可以分为运动休闲

图7-31 时尚休闲装（1）
图7-32 时尚休闲装（2）
图7-33 时尚休闲装（3）

装、街头休闲装、家居休闲装、商务休闲装等。不同风格的休闲装适合在不同的场合穿着，有不同的风格特征。

（一）运动休闲装

运动休闲装适用于各种体育运动项目、体育竞技、游戏比赛等，其中，体育运动服装也有专业性体育运动服装和业余体育运动服装之分，两者既有相同之处也有差异性。专业的体育运动休闲装，强调服装的功能性，能在运动时起到吸湿、排汗等作用，这些功能更多地依赖于高科技的服装面料和特殊的纤维材料等。服装的款式和色彩搭配要适合运动项目的特点，同时注意结合时尚元素并突出服装功能性，款式大方，色彩动感，有活力。业余体育运动休闲装则更加贴近大众生活，功能性没有专业运动休闲装突出，如T恤、套裙、套裤、运动鞋等。配饰（如棒球帽、背包、护腕、护膝、发带等）的搭配更能突出轻松休闲的气氛，为服装增添青春时尚气息。运动休闲装款式大方、整洁，结构、裁剪舒适流畅，色彩明亮、鲜艳。面料以纯棉针织布为主，柔软轻便，穿着舒适，吸湿、排汗；也会选择涤盖棉等合成材料，更具功能性；除此之外，莱卡等弹性纤维也在运动装中应用广泛；随着科技发展，新型科技面料也经常应用于运动服装中，使人们在运动中更舒适。（如图7-34至图7-36）

图7-34 运动休闲装（1）
图7-35 运动休闲装（2）
图7-36 运动休闲装（3）

（二）街头休闲装

街头休闲装更多受到流行文化的影响，如流行音乐、前卫艺术等，是休闲装中最时髦、前卫、潮流的一类，通过与众不同的设计，表达出强烈的时尚感。街头休闲装的款式紧跟流行文化而变化，风格大胆而前卫，经常混杂许多艺术风格与流行文化、时尚元素，如波普艺术、哥特艺术、朋克风、摇滚风等，运用开放大胆的设计手法，打破传统与常规的思维模式，将现代社会的时尚一族装扮得个性十足，如当下常见的"哈日""哈韩""嘻哈"等混搭风格。色彩一般以黑、白、灰、金属色为主打色，常常也从应季的主色调中选取颜色搭配使用。经常运用新型质地的面料，多以新型、闪光面料为主，搭配丝绸、薄纱、皮革、毛线等多种材料。注重配饰的作用，如链条、夸张的首饰、前卫的发色、纹身等非主流的搭配方式，整体凸显个性和自由不羁。（如图7-37至图7-39）

（三）家居休闲装

家居休闲装也称家居服，适合在家庭范围内休息、娱乐时穿着。健康、舒适、简

图7-37　街头休闲装（1）

图7-38　街头休闲装（2）

图7-39 街头休闲装（3）

单、温馨的风格是家居服设计的主旋律，其款式以宽松、舒适、温馨为主，便于在家中活动和从事简单家务；色彩的选择也根据不同的家居服特点而风格迥异，有温馨、淡雅、柔美的色系，有鲜艳、华丽的色系，也有活泼、可爱的色系，还有对比强烈的色系等；亲肤、环保、健康的面料是现代家居服的主流面料，吸湿、透气、舒适的竹纤维和大豆纤维等也是当下家居服面料新宠。（如图7-40、图7-41）

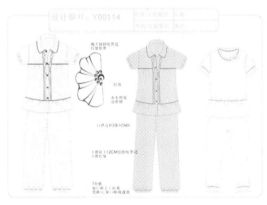

图7-40 家居休闲装设计图
图7-41 家居休闲装

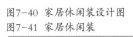

（四）商务休闲装

商务休闲装是随着现代社会的发展，为了满足众多人士商务交流和商务洽谈活动应运而生的一种服装形式，是适应现代商务休闲活动的较正式的服装，既有别于正式的职业装，也有别于非正式的休闲装，是在休闲装设计中加入一些正式服装的要素，或是在正式服装设计中加入一些休闲要素之后，形成的一种新的服装形式。款式主要以夹克、衬衫、T恤、Polo衫、毛衫等为主，体现穿着者的端庄、典雅、干练等；颜色多以柔和的中性色系为主，少用高纯度的对比色，体现优雅、舒适；与普通休闲装不同，商务休闲装选料精细，多以精纺棉、高档羊毛等精致面料为主；裁剪更加讲求合体修身，制作工艺精良。（如图7-42、图7-43）

图7-42　商务休闲装（1）
图7-43　商务休闲装（2）

（五）户外休闲装

户外休闲装是针对户外活动，如徒步、爬山、郊游、骑行、攀岩、垂钓等休闲娱乐活动所设计的服装。户外服装也有专业户外服和非专业户外服之分。专业的户外服装更加强调服装的功能性，如专门针对攀登雪山的攀登服，要求服装既能防雨防水又能防寒防冻，在极端气候和环境中，能为人体提供强有力的保护。近年来，随着人们对于休闲娱乐的热衷，户外服装也越来越普及化和大众化。与专业的户外服装相比，非专业的户外服更适合大众日常的户外休闲活动。以轻便、舒适的款式为主；颜色多用鲜艳的对比色块进行分割、组合以体现动感和活力；面料具有排汗、吸湿、速干、轻薄、耐磨、防紫外线等特点。因此，新型纤维、新型技术常用于户外服装的面料中，以满足户外服装的功能性需求。（如图7-44至图7-46）

图7-44　户外冲锋衣，防风防雨且保暖轻便
图7-45　40L+10L户外背包，轻便、容量大且结构合理
图7-46　户外抓绒衣，保暖轻便

三、 休闲装的设计原则

休闲装分类众多，不同类别的休闲装有各自的特点，设计时要充分考虑具体的休闲类别，有针对性地进行设计；款式上要突出其功能要求和实用目的，兼顾时尚性和美感，使设计满足实用功能的同时体现审美价值；色彩要综合考虑着装环境和穿着目的，合理搭配颜色，与服装款式形成统一风格；面料选用舒适、轻便、科技感强的新型面料，满足休闲装的功能性。

第三节　礼服设计

礼服，顾名思义是一种礼仪性服装，是参加婚礼、葬礼、祭祀、晚会、庆祝仪式等重大活动时穿着的服装。

中国自古就是礼仪之邦。礼，是中国传统文化的核心；仪，成为整个社会共同遵守的有序规制。"服以为礼，服以为仪"是先秦以及秦汉时期的重要礼仪规制。冠服与礼仪密切相关，在当时的登基加冕、祭祀大典、年节朝贺、出征寻猎等活动中表现得尤其突出。龙袍与凤冠是当时封建社会帝王和王后的礼服，在出席重大的场合和活动时穿着，从头到脚威严尊贵、华丽无比，如此隆重的礼服既能体现帝王和王后对于礼仪的尊重，又能体现帝王和王后唯我独尊的政治地位和权力地位。

礼服在不同国度、不同时代、不同场合、不同年龄中有不同的演绎方式。根据穿着者身份的不同、穿着时间的不同等，礼服也有不同的分类。

一、礼服的分类

（1）按出席场合：可以分为婚礼服、葬礼服、宴会服、庆典服等。

（2）按照穿着时间：可以分为日间礼服、晚礼服等。

（3）按活动性质：可以分为鸡尾酒会服、化装舞会服等。

二、礼服的特点

（一）日间礼服

日间礼服又称日礼服，一般是日间妇女参加活动所穿的礼服，常用于外出、访问、小型宴会等场合。日礼服小巧、轻盈、优美、华丽，款式有X型的连衣裙、两件套裙（套裤）、三件套裙（套裤）等多种形式。礼服长度随流行趋势而变化，一般越是正式场合，其长度越长。典型日间礼服的服装配饰需选用帽子、手套、浅口高跟鞋、小手提包、优美的耳环与项链、胸针、饰花等。（如图7-47至图7-49）

图7-47　日间礼服（1）
图7-48　日间礼服（2）
图7-49　日间礼服（3）

（二）晚礼服

晚礼服是夜间社交服，是最为隆重的礼仪服装。国家元首、社会名流在参加大规模的晚宴、隆重的庆典等活动时，通常穿着晚礼服。款式上，女士晚礼服胸与背的部分开得较大，露出肌肤，长度及地，并且多为无袖、露肩，设计注重款式的新颖和装饰的精美，多用手工缝制水钻、云贝、珍珠装饰，工艺精巧，图案复杂，富有个性和艺术气息。配饰方面要充分考虑服饰品的整体搭配，不宜戴帽，发型需华丽、精致，与服装整体相协调；手套以长款的为正式；手提包以小型且具装饰性、华丽为宜；衬托礼服的首饰选择也很重要，一般多用名贵的钻石类。除此之外，晚礼服配上夜间穿着的大衣、披肩、围巾等更显华丽。（如图7-50至图7-52）

图7-50 晚礼服（1）
图7-51 晚礼服（2）
图7-52 晚礼服（3）

（三）鸡尾酒会礼服

鸡尾酒会一般是在下午5点至晚上8点之间进行的简餐或简易形式的聚会，鸡尾酒会礼服则是适合傍晚正式聚会等场所的服装。款式设计较为多样化，长度多为膝关节上下位置，领口线通常开得较大，也常露出肩膀。多使用丝绸等质地的面料并配以华丽的设计，以营造鸡尾酒会轻松、活泼的气氛。（如图7-53至图7-55）

图7-53 鸡尾酒会礼服（1）
图7-54 鸡尾酒会礼服（2）
图7-55 鸡尾酒会礼服（3）

（四）婚礼服

婚礼服是在婚礼中新娘、新郎所穿的礼服，又称婚纱礼服。女服色彩主要是白色和象牙色，男服主要是黑色和白色。婚礼服追求纯洁、秀丽、高雅、华贵的风格。传统欧式婚礼服裙长及地，上身合体，下摆打开呈A字形，配有头纱、手套及长长的裙裾，结构变化一般集中在领、胸、袖、下摆、背等部位，其装饰性极强。面料主要选用真丝段、缎纹皱、波纹塔夫绸、丝毛绸、蕾丝、蝉翼纱、薄纱、天鹅绒、乔其纱等。随着服饰审美观的不断变化，婚礼服的材料也更加多样化，针织、皮革、裘皮、棉布等多种材料都可以在设计中出现。配饰也以色泽偏冷的珍珠、白金或者钻石为主，手套多用白色的。（如图7-56至图7-58）

图7-56 婚礼服（1）

图7-57 婚礼服（2）
图7-58 婚礼服（3）

三、礼服的设计原则

设计礼服时，首先应该了解礼服的穿着地点、穿着时间和穿着目的，然后有针对性地设计相应的礼服类型，包括服装的面料、色彩、款式风格，对应客户群的年龄段、身份背景、个人喜好、气质类型等。款式上，礼服的传统廓形有X型、O型、A型、S型等。为了塑造造型感强的蓬裙或较大裙脚的鱼尾裙等，需要借助硬质内衬和支撑，硬挺的上身要加鱼骨塑形；裙脚、裙边等边缘的特殊造型效果采用马尾衬、鱼丝线等辅料帮助凹造型。通常为了礼服的某个造型，会采用支撑、分割、打褶、车缝等复杂工艺，巧妙地利用不同面料的特性营造特有的效果，在确定基本的版型的基础上在全身或局部进行图案设计和纹样的设计，使内部细节更加丰满。（如图7-59至图7-61）

图7-59 不同面料与工艺的礼服（1）

图7-60 不同面料与工艺的礼服（2）
图7-61 不同面料与工艺的礼服（3）

其次，要注意礼服的面料选择。礼服的面料华丽高贵，且经常会将面料进行二次处理，使其更加有肌理和层次，效果更加绚丽夺目。礼服常用面料有欧根纱、网纱、丝绸、素绉缎、弹力网、针织布、真丝、雪纺、真丝双宫绸、真丝缇花缎、醋酸纤维面料、塔夫绸、双色缎、蕾丝等，根据不同款式、不同面料的质感和属性选择适合的面料，同种面料还可采用打褶、机器压褶、车牙签褶等工艺进行处理。

再次，在装饰图案方面也要结合不同的款式特征采用合适的装饰手法。装饰手法要根据服装的风格进行确定，保持与服装整体设计风格一致。常用的手法主要有钉珠、机绣、手绣、镂空、蕾丝铺花、印染、车骨、车绳、车丝带、手钩、吊穗等。

最后，在此基础上应及时收集最新服装流行资讯，根据流行趋势、结合设计要求进行设计，明确所设计的款式是针对什么活动、什么人群、什么场合、什么目的等客观因素，要对礼服的类别、制作工艺、装饰手法及流程有一定的了解和把握，才能设计出合适的服装。

第四节　童装设计

童装一般指从婴儿到少年期，在人成年以前所穿着的服装，是为成年以前各个年龄阶段的儿童所设计的服装总和。每个年龄阶段的儿童都有各自的成长特点、生理特点、心理特点，进行设计时需要更多地关注和了解儿童各个生长发育阶段的特征，了解儿童的需求和父母的心理，对不同成长期的儿童着装进行合理定位，因此掌握儿童的成长发育特征是童装设计的首要工作。目前，童装设计在追求舒适、美观、方便、经济的基础上，童装个性化、时尚化、风格化、系列化的设计已成为发展的必然趋势，对童装的设计提出了更高的要求。

一、童装的分类特点及设计要点

（一）婴儿服

从出生到1周岁为婴儿期，这一时期是婴儿身体发育最显著的时期。婴儿在出生3个月内身高可增加10cm，体重可成倍增加；1周岁时，身高可达出生时的1.5倍，体重能增加3倍。在此期间，婴儿的活动机能也逐渐增强，逐步学会翻身、爬、坐、站立、走路等。婴儿服装性别差异在服装款式上区别不大，主要体现在面料花色、图案和颜色搭配上。主要款式有方便穿脱的连衣裤、罩衫、睡袍、斗篷等。由于婴儿期缺乏体温调节能力，发汗多、睡眠多、排泄次数多、皮肤娇嫩，因此，婴儿服的设计在选料上必须注意卫生与保健功能。

婴儿服装的款式力求简洁，尽量减少不必要的结构线、分割线和开缝线，也不宜使用松紧带、撕拉扣等辅料，以保证衣服的柔软，减少面料褶皱与皮肤之间的摩擦；婴儿的颈部很短，以无领结构为主，开领大小适中，方便穿脱；袖子一般与衣身连裁以减少辑缝线；婴儿服的门襟开合在设计时十分重要，因为婴儿期的年龄特点，使其长时间处于仰卧姿势，门襟开合宜开在前面，扣系多采用与服装面料一致的柔软带子，尽可能不使用或少使用纽扣和装饰物。（如图7-62至图7-64）

（二）幼儿服

幼儿期指1—3岁年龄阶段的儿童。这一时期的儿童身高和体重都在快速增长，体型特征为头大、颈短、腹凸、上身长，并逐步开始认识外部世界，渐渐学会走路和说话，活动频繁，开始独立探索世界，具有模仿能力，对醒目的色彩、形体和有动感的东西极为关注，喜欢游戏，等等。

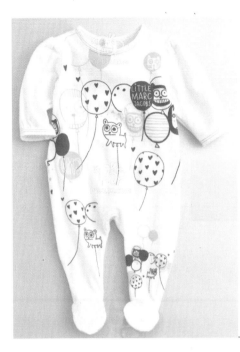

图7-62　婴儿连体衣
图7-63　婴儿服

图7-64　婴儿连体衣

　　幼儿服的设计应注重整体造型，以易穿脱、舒适、实用为前提。款式要适度宽松，多采用连体式和背带式设计，便于幼儿的活动；领子的设计宜简洁、平坦而柔软，门襟的位置尽量设计在前面，并使用全开合的门襟；幼儿已经开始认识世界，喜欢有趣的装饰、鲜艳的颜色，所以设计时应充分考虑其生理特点，色彩搭配以鲜亮的纯色系为主，搭配高纯度、高明度的色彩；图案以可爱的卡通形象为主，如动物、植物、人物、文字等；面料使用透气性好、吸湿性较好的纯棉细布，如泡泡纱、条格布、各种针织面料；秋冬季节，幼儿内衣要用保暖性好、吸湿性强的针织面料，外衣以耐磨性强的灯芯绒、斜纹布、纱卡、厚针织料等为主，柔软舒适、吸湿透气的面料是首选。（如图7-65至图7-67）

图7-65　幼儿服（1）

图7-66　幼儿服（2）
图7-67　幼儿服（3）

（三）学龄前儿童装

学龄前期一般指3周岁后至6~7岁入小学前。这一时期的儿童身高增长较快，围度增长较慢，4岁前，身高通常会超过100cm，为出生时的两倍；4岁后，身高为5—6个头长。学龄前儿童体型特点是挺腰、凸肚、四肢短、肩窄，胸、腰、臀三围尺寸差距不大。这个时期的孩子智力、体力发展较快，具备一定的语言表达能力，喜欢户外活动，男童、女童都有了性别意识的萌芽。学龄前儿童的服装，款式上，仍然以宽松的运动款式为主，男童多以衬衫与长裤、T恤与短裤、风衣、抓绒衣等为主，女童多是连衣裙、半身裙、礼服裙、T恤、长裤等；色彩搭配选择面较大，可以根据具体服装的风格和特点选择颜色；由于此年龄阶段的儿童，活动能力提高，活动范围扩大，面料要选用耐磨性较好的材料，耐磨耐脏、舒适柔软的面料是首选。（如图7-68至图7-70）

（四）学龄期儿童服装

学龄期一般指6—12岁时期，此年龄阶段的儿童主要集中在小学阶段。这一时期孩子的身高增长迅速，可达到头长的6—6.5倍，体型变得匀称，凸肚现象逐渐消失，腰身显露，四肢渐长，尤其是腿长增长快。孩子的运动机能和智力发展非常显著，频繁的集体生活使孩子的活动范围从家庭转向学校，变成以学习为中心，逐渐脱离幼稚感，对事物有一定的判断

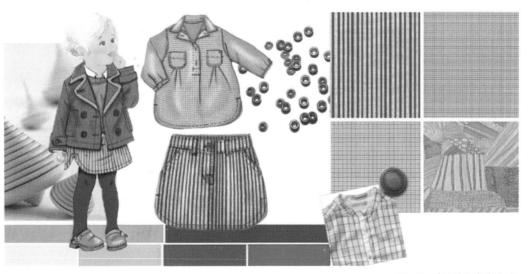

图7-68 学龄前儿童装（1）

图7-69　学龄前儿童装（2）
图7-70　学龄前儿童装（3）

力和想象力，多数孩子性格越来越活跃。

学龄儿童主要以小学为中心，学校生活逐渐培养了孩子的集体意识，在学校一般会穿着统一定制的校服，具有整齐性、标志性的特征；集体活动时也会统一着装，如运动会、春游、节日表演等活动，较强调团队意识。学龄期儿童运动量较大，日常服装款式不宜太过夸张和烦琐，以舒适、简洁、便于活动为主，运动服、牛仔服等各式休闲类服装是不错的选择；色彩搭配比较自由灵活，可以根据服装的风格和具体的款式进行搭配；面料采用耐磨性、透气性较好的涤棉、纯棉等；秋冬季外套宜用粗呢、毛料和棉料，以增加保暖性。（如图7-71至图7-73）

（五）少年期服装

少年期指13—16岁阶段，此年龄阶段的孩子处于青春期，身体各部分发育速度明显增长，性征开始出现。女孩胸部逐渐发育丰满，臀部脂肪开始增多，胸、腰、臀较儿童期出现较大差异；男孩肩部变平变宽，身高、胸围和体重也明显增加。由于这一阶段的孩子身体发育的逐渐成熟，生理上的显著变化，会引起心理上的较大

图7-71　学龄期儿童装（1）
图7-72　学龄期儿童装（2）
图7-73　学龄期儿童装（3）

第七章　服装分类设计

波动，有独立思考的能力，思想也渐趋成熟，很在意身体的变化，情绪也容易不稳定，易产生逆反心理，喜欢表现自我，引人注意，强调个性。因此，少年期的孩子对衣着有自己的追求，讲究时尚性、群体性。

少女装的设计应根据此年龄阶段的女孩的特点，服装的造型除塑造纯真可爱的形象外，还要体现少女体型的美感，款式简洁大方，以X型、A型、O型等淑女、可爱的廓形为主，结构适度宽松或合身。上衣和裙子可设计得稍短些，以体现女孩子活泼可爱的青春气息。少年装的设计应体现出富有朝气的男子气概，造型简练大方，结构和图案硬朗、刚强，体现男孩子的个性，不宜有过多装饰。少年的日常运动和业余爱好范围较广，常喜欢足球、篮球、单车、滑板、郊游等运动，因而在设计时要充分考虑这一特点，款式多以运动休闲装为主，宽松舒适，既符合年龄特征又满足运动休闲的需求。（如图7-74至图7-76）

图7-74 少年期服装（1）

图7-75 少年期服装（2）
图7-76 少年期服装（3）

第五节　针织服装设计

　　针织服装，是通过编织机使纱线组织成线圈，互相串套而成为织物，进而设计制作而成的服装。针织服装以其选料舒适，款式宽松休闲等特点，被广泛用于内衣、家居服、童装、运动装等领域。

一、针织服装的分类

（一）按编织方法分类

1. 纬编

　　纬编编织服装，是将一根或数根纱线由纬向穿入针织机的工作针上，使纱线顺序地弯曲成圈，加以串套而形成的针织物。用来编织这种针织物的机器称为纬编针织机。纬编对加工纱线的种类和线密度有较大的适应性，所生产的针织物的品种也甚为广泛，既能织成各种组织的内外衣用坯布，又可编织成单件的造型和部分造型产品，同时纬编编织的工艺过程和机器结构比较简单，易于操作，机器的生产效率比较高，因此，纬编方法在针织工业中比重较大。

2. 经编

　　经编编织服装，是由一组或几组平行排列的纱线分别排列在织针上，同时沿纵向编织而成的针织物。用来编织这种针织物的机器称为经编针织机。一般经编织物的脱散性和延伸性比纬编织物弱，其结构和外形的稳定性较好。这种织法的用途也较广，除可生产衣用面料外，还可生产蚊帐、窗帘、花边装饰织物、医用织物等，经编机同样也可以以针床、织针针型来进行区分。（如图7-77、图7-78）

（二）按服装款式分类

　　可分为针织毛衣、针织内衣、针织休闲装、针织时装等不同

图7-77 经编服装（1）

图7-78 经编服装（2）

的种类。

1. 针织毛衣类

针织毛衣是指用羊毛、羊绒、驼绒、兔毛、马海毛等动物毛纱或毛型化纤编结的服装，习惯上被统称为毛衣。（如图7-79至图7-81）

2. 针织内衣类

针织内衣包括传统的汗衫、背心、棉毛衫、棉毛裤等，由中、细支纯棉或混纺纱制成，型薄，男装款式简单，女装和童装款式较为花哨。棉毛衫裤，由纯棉或混纺纱织制，采用纬编双罗纹组织，柔软厚实，适合春、秋、冬季节贴身穿着。针织内衣还包括针织家居服类，主要适用于家庭内部的日常穿着，舒适、方便是其主要特

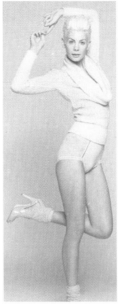

图7-79　针织毛衣（1）
图7-80　针织毛衣（2）
图7-81　针织毛衣（3）

图7-82　针织内衣
图7-83　针织家居服

点。（如图7-82、图7-83）

　　3. 针织休闲装

　　针织类面料的舒适性、伸缩性、亲肤性等特征，使其被广泛应用于休闲装的设计中，如针织运动套装、针织连衣裙、针织T恤等。（如图7-84至图7-86）

图7-84　针织休闲装（1）
图7-85　针织休闲装（2）
图7-86　针织休闲装（3）

4. 针织时装

随着针织技术的发展，针织面料被广泛应用于时装领域，更多的套装、套裙、连衣裙、风衣、大衣等都选用舒适的针织面料，让时装在扮靓人们的同时，兼具穿着的舒适性。（如图7-87至图7-89）

图7-87　针织时装（1）
图7-88　针织时装（2）
图7-89　针织时装（3）

5. 针织服饰配件

针织技术还被广泛应用于服饰配件的制作中，如围巾、帽子、手套、袜子、口罩、手袋等，配件作为服装的点缀，使服装整体更有趣味性。

二、针织服装的特点

（一）拉伸性

针织服装的面料由于靠一根纱线串联起来，当向一侧拉伸时，另一侧会缩小，定型能力差，而且能朝各个方向拉伸，伸缩性很大。因此，针织服装手感柔软，富弹性，穿着时舒适不紧绷，可随意扭动而不会被束缚，能较好地体现人体的线条起伏。

（二）透气性

针织服装的线圈结构特点，线圈与线圈之间留有一定的空隙，使得面料透气性较好，且因纱线多选用棉、羊毛等天然纤维材料，因而吸湿性和保暖性都比较优良。（如图7-90至图7-92）

图7-90
图7-91
图7-92

（三）脱散性

　　针织服装在裁剪或磨损时，纱线会被切断，线圈失去串套连接，易脱散成"针洞"，而这些针洞稍不注意就会越阔越大。纬编针织物的脱散性比经编物的更强，基本组织的较花色组织的脱散性更强，线圈长的比线圈短的脱散性更强。

（四）卷边性

　　这是指针织面料因边缘线圈中弯曲纱线在自由状态下的卷曲所出现不同程度的卷边现象，是由于线圈中弯曲线段所具有的内应力，力图使线段伸直而引起的。在针织物内部，线圈相互联系，相互制约，其弯曲不能恢复。但在有些针织物的边缘，线圈的一段没有约束，纱线力图伸直而引起卷边。卷边性与针织物的组织结构、纱线弹性、线密度、捻度和线圈长度等因素有关。（如图7-93、图7-94）

图7-93
图7-94

（五）回缩性

由于针织面料的线圈结构和天然纤维的特点，裁剪成衣片后，在缝制、穿着的过程中，会产生纵、横方向不同程度的收缩变化，其缩率一般在2%左右。因此，为确保成衣规格，在尺寸设计时必须预先估算到这一点。（如图7-95、图7-96）

图7-95
图7-96

三、针织服装的设计原则

由于针织面料制作工艺的独特性，使得针织服装在设计制作时要综合考虑面料的制作工艺特点。款式设计时，应注意其柔软性、伸缩性、定型性、易变性等特点；款式上应力求简洁流畅，内部结构尽量避免过多的分割线和省道线；色彩搭配上可根据服装款式具体风格，保持服装的整体性；至于印花元素，要灵活运用不同的绣或印花、多种绣或印花方法的搭配，印花风格与服装整体风格保持一致。

第六节　系列服装设计

　　系列服装，是指由两套或两套以上服装组成，每套服装具有相同或相似的设计元素，互相之间又有一定的次序和内部关联。也就是说，系列服装设计的基本要求就是同一系列服装有共同的设计元素，设计元素的组合具有关联性和秩序性，既有服装整体的统一性又有单件服装的个性美，体现统一中有变化的和谐美。

　　在系列服装设计中，设计师根据不同的主题进行设计，从款式、色彩到面料，系统地进行系列设计，可以充分展示系列服装的多层内涵，充分表达主题理念、设计风格和设计思想，并且以整体系列形式出现的服装，从强调重复细节、循环变化中可以产生强烈的视觉冲击力，提升视觉感染效果。通过系列设计要素的组合，可使服装传递一种整体的文化理念。（如图7-97、图7-98）

图7-97　系列休闲装（学生作品）

图7-98　系列休闲装（学生作品）

一、系列服装设计的方法

系列服装多是在单品服装设计的基础上，巧妙地运用设计元素，从风格、主题、造型、材料、装饰工艺、功能等角度，运用美的形式法则进行创意构思。通过款式特征、面料肌理、色彩配置、图案运用、装饰细节等方面，体现奢华、优雅、刺激、端庄、明快、自然等设计情调。系列服装可以通过同形异构法、整体法、局部法、反对法、组合法、变更法、移位法和加减法等设计手法形成不同风格的系列。

（一）主题系列

主题是服装设计的决定因素，是服装设计的精神，无论是创意服装的设计还是实用服装的设计，都是对主题的诠释和表达。进行设计时运用的造型要素、色彩搭配和面料材质等，围绕主题进行展开，选择合适的造型款式、相应的色彩搭配以及衬托主题的面料，每一个设计点都是对主题的表达，从各个方面对主题进行诠释。单品服装设计没有主题就没有精神内涵和欣赏价值，系列服装没有主题就会杂乱无序且没有力量。可见，主题是服装设计的核心。（如图7-99至图7-102）

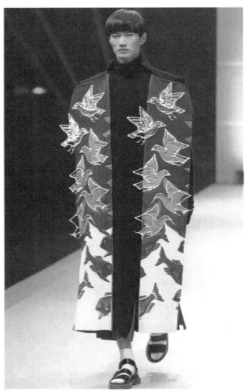

图7-99　以休闲装为主题的系列设计（学生作品）

图 7-100　以休闲装为主题的系列设计（学生作品）

图 7-101　通过图案纹样和色彩搭配的统一诠释主题（"常熟杯"休闲装设计大赛金奖）

图 7-101　通过图案纹样和色彩搭配的统一诠释主题（"常熟杯"休闲装设计大赛金奖）

（二）款式系列

款式系列是以突出服装款式造型为特点的设计。有强调服装廓形的系列设计、强调服装内部分割线的系列设计、强调服装结构特征的系列设计、强调服装解构方法的系列设计等，也可以依据服装外部廓形的相似之处和内部细节的变化衍生出系列设计。

如强调廓形的系列设计，要突出强调廓形的特色、特点，廓形特征突出，内部结构细节变化丰富且有秩序感和节奏感，服从于外廓造型，不喧宾夺主，不破坏系列设计的完整性。为突出整体系列性，在色彩搭配方面也应相互呼应，面料的选择和制作工艺方面也有相同的手法和特征。（如图7-103至图7-106）

（三）色彩系列

色彩系列是指以突出色彩搭配和色彩要素为鲜明特征的设计。通常以一组色彩搭配作为系列服装的统一要素，通过运用色

图 7-103　修身的款型、利落的剪裁、缠绕打结元素的巧妙应用（Haider Ackermann）

图 7-104　修身的款型、利落的剪裁、缠绕打结元素的巧妙应用（Haider Ackermann）

图 7-105　以宽松的T型和H型为主要廓形的款式设计（安莉芳家居服大赛金奖）

图 7-106　以宽松的大廓形为主要款式特征的设计（"常熟杯"入围作品）

彩的纯度及明度的差异，结合色彩的渐变、重复、相同、类似等配置变化，追求丰富的视觉效果。色彩系列的服装由于色调的统一和造型与材质的随意变化，整体系列表现出丰富的层次感和灵活性，但在以色彩为统一要素的系列设计中，色彩不可以太弱，以免削弱其系列特征。在以强调色彩为特征的系列设计中，服装的款式和面料同样不可忽视，造型款式须有共同的设计元素，面料搭配尽量保持统一协调。（如图7-107至图7-111）

图 7-107　以红、蓝色为主色调搭配白、黑色，整体靓丽又沉稳（中国国际女装大赛入围作品）

图 7-108　以红、白、蓝色为主色调搭配的系列设计（园洲杯铜奖作品）

图 7-109 选用邻近色的渐变为主色调，尽显活泼俏皮的感觉（"园洲杯"入围作品）

图 7-110 淡雅的蓝绿色系
图 7-111 妩媚的紫色系

（四）面料系列

　　面料系列注重的是服装面料的特征，主要通过面料的花色、面料的图案、面料的肌理感觉以及面料之间对比组合等方式，营造出强烈的视觉效果；或者依赖面料制作工艺的较强个性和风格，如科技感和未来感的面料，其本身的属性就是吸引眼球的亮点；还可以借助面料的肌理和二次造型，如运用钉珠、车缝、褶皱、定型、破坏等方法使面料具有较强的视觉效果。强调面料特征的系列设计中同样要注重服装款式的变化和色彩的表现，配合面料系列产生较强的视觉冲击力和感染力。（如图7-112至图7-115）

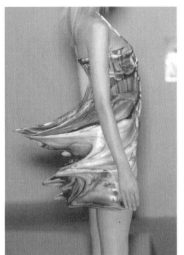

图7-112　塑胶模型服装
（Hussein Chalayan）
图7-113　塑胶模型服装
（Hussein Chalayan）
图7-114　塑胶模型服装
（Hussein Chalayan）

（五）工艺系列

　　工艺系列是把特色制作工艺作为系列服装的关键要素，有服装的裁剪工艺、制作工艺、装饰工艺等。在裁剪工艺中，多选择立体裁剪和斜裁工艺使服装整体达到某种较强的工艺特征和视觉效果；制作工艺中也有很多有特色的手法，如绗缝、压双线、高温定型、激光切割、3D打印等；服装装饰工艺更是多如牛毛，且各有特色，如镶边、嵌线、饰边、绣花、打褶、镂空、缉明线、装饰线、结构线、印染图案等。在多套服装中反复运用同样的工艺手法，可产生系列感和统一美感，形成系列工艺、特色工艺或者是设计焦点，再与服装的造型和色彩协调配合，从而表现出以突出工艺为亮点的系列服装。（如图7-116至图7-118）

图 7-116　镶边工艺（"乔丹杯"运动服设计大赛）
图 7-117　镶边工艺（"乔丹杯"运动服设计大赛）

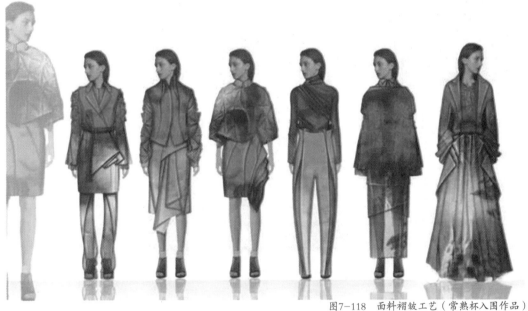

图7-118　面料褶皱工艺（常熟杯入围作品）

（六）图案配饰系列

图案配饰系列强调服装整体的图案纹样和服饰搭配，既可以是服装面料的图案纹样，也可以是服装的装饰纹样，还可以是服装的搭配配饰，主要通过对图案或者配饰的系列设计使服装产生系列感和统一性。图案配饰可以通过自身的美感与风格，突出服装整体的风格与效果。通常通过图案配饰产生系列感的服装为突出图案或配饰，服装本身的造型较为简洁，图案配饰较为突出、生动，服装整体具有变化、统一、对比、协调的视觉魅力。（如图7-119至图7-122）

图7-119　未来感图案

图7-120　几何纹样图案
充满神秘色彩

图7-121　未来感的图案
纹样贯穿整个系列（"真维
斯杯"休闲装大赛）

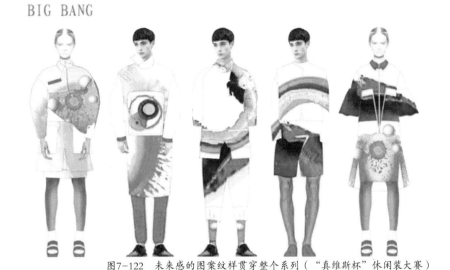

图7-122　未来感的图案纹样贯穿整个系列（"真维斯杯"休闲装大赛）

二、系列服装的设计原则

优秀的系列服装设计，层次分明、主题突出，既丰富多变，又统一有序。系列设计遵循以下原则。

（一）变化统一

系列设计中必须有统一的元素贯穿整体，才能被称为"系列"，否则就会显得杂乱无章。比如，一个系列设计中，充满了各种各样的设计点，每个款式单看都非常有特色，有巧妙的构思，但整体观察，却因为设计手法太多，显得零乱。这些设计虽然大致上有类似系列的风格，但互相之间的联系却是随意的，设计点没有经过统一和强调。"统一"就是在系列产品中有一种或几种共同元素，将这个系列串联起来使它们成为一个整体。只有"统一"没有"变化"，产品就会显得单调。在统一的前提下，一个设计构思可以经过微妙的变化，延伸在不同的单品中，形成丰富而均衡的视觉效果。要做到统一而有变化，就是要对设计的某一种特征反复地以不同的方式强调。

（二）突出主题

主题是一个系列的灵魂，没有主题或者主题不突出，就是没有灵魂的设计。主题突出就是要强调有价值的设计点。这个设计点可以是一种款式造型、一个结构细节、一种面料搭配方式，或者是一种图案，只要它具有特色或是有新意，就可以成为一个系列的设计点。主题是将这个设计点以启发性、趣味性的方式表达出来，并体现在整体系列中。有些设计也具有系列感，具有连贯而富有变化的设计点，但是它偏离了主题或设计表达力度不够，就不能达到设计目标的预想效果。

（三）层次分明

有些系列产品做到了统一而变化，但却显得平淡无奇，这是由于设计师将设计点平均分布在每个单品中，使它们之间既没有强弱变化也没有形成层次。层次分明要求在系列设计中有主要设计点和次要设计点。主要设计点是设计得最精彩、最完整的产品，它使设计点很完美地展现出来。衬托设计点则相对弱一点，无论视觉效果还是设计手法都相对平淡一些，它的作用就是衬托主要设计点，并能够将主要设计点的精彩之处进行延伸变化，从而使整体设计的分量更足，以增强整体系列设计的视觉效果。

思考与练习

1. 熟练掌握各类服装的基本特征，总结其设计方法。

2. 设计一个系列5套休闲装，体现服装的系列感和整体性，突出休闲装的风格特征。

3. 设计一个系列5套礼服，体现服装的系列感和整体性，突出礼服的风格特征。

参考文献

［1］安毓英, 杨林.中国民间服饰艺术[M].北京：中国轻工出版社，2005.

［2］崔荣荣.现代服装设计文化学[M].上海：中国纺织出版社，2001.

［3］郭琦，修晓倜. 服装创意面料设计[M]. 上海:东华大学出版社，2013.

［4］韩兰，张缈.服装创意设计[M].北京：中国纺织出版社，2015.

［5］华梅，王春晓.服饰与伦理[M].北京：中国时代经济出版社，2010.

［6］华梅.服饰美学[M].北京：中国纺织出版社，2003.

［7］黄能馥，陈娟娟.中国服饰史[M].上海：上海人民出版社，2004.

［8］李当岐.服装设计学概论[M].北京：高等教育出版社，2004.

［9］孟元老.东京梦华录[M].北京：商务印书馆，1959.

［10］沈从文.中国古代服饰研究[M].北京：商务印书馆，1981.

［11］［明］宋应星，潘吉星.天工开物译注[M].上海：上海古籍出版社，1993.

［12］王珉.服装材料审美构成[M].北京：中国轻工业出版社，2011.

［13］王世襄.髹饰录解说[M].北京：文物出版社，1983.

［14］［明］文震亨，陈植.长物志校注[M].南京：江苏科学技术出版社，1984.

［15］徐良高.中国民族文化源新探[M].北京：社会科学文献出版社，1999.

［16］徐苏，徐雪漫.服装设计基础[M].北京：高等教育出版社，2013.

［17］徐亚平，吴敬，崔荣荣.服装设计基础[M]. 上海:上海文化出版社，2010.

［18］袁惠芬，顾春华，王竹君.服装设计[M].上海:上海人民美术出版社，2009.

［19］袁杰英.中国历代服装史[M].北京：高等教育出版社，2003.

［20］张道一.考工记注译[M].西安：陕西人民美术出版社，2004.

［21］张文辉，王莉诗，金艺.服装设计流程详解[M].上海:东华大学出版社，2014.

［22］朱宁，陈寒佳. 服装色彩与搭配[M].合肥:合肥工业大学出版社，2011.

图书在版编目（ＣＩＰ）数据

服装设计基础 / 郎家丽, 孙闻莺编著. -- 南京：
南京师范大学出版社, 2017.9
（21世纪特殊教育精品规划教材）
ISBN 978-7-5651-3370-1

Ⅰ.①服⋯　Ⅱ.①郎⋯　②孙⋯　Ⅲ.①服装设计－特
殊教育－教材　Ⅳ.①TS941.2

中国版本图书馆CIP数据核字(2017)第104142号

书　　名	服装设计基础
编　　著	郎家丽　孙闻莺
责任编辑	左　宓　彭　茜
出版发行	南京师范大学出版社
地　　址	江苏省南京市宁海路122号(邮编：210097)
电　　话	(025)83598919(总编办)　83598412(营销部)　83598297(邮购部)
网　　址	http://www.njnup.com
电子信箱	nspzbb@163.com
照　　排	南京理工大学资产经营有限公司
印　　刷	江苏凤凰扬州鑫华印刷有限公司
开　　本	787毫米×1092毫米　1/16
印　　张	14.5
字　　数	230千
版　　次	2017年9月第1版　2017年9月第1次印刷
书　　号	ISBN 978-7-5651-3370-1
定　　价	50.00元
出 版 人	彭志斌